아이스크림 더연산

왜, 『더 연산』일까요?

수학은 기초가 중요한 학문입니다.

기초가 튼튼하지 않으면 학년이 올라갈수록 수학을 마주하기 어려워지고, 그로 인해 수포자도 생기게 됩니다.
이러한 이유는 수학은 계통성이 강한 학문이기 때문입니다.
수학의 기초가 부족하면 후속 학습에 영향을 주게 되므로 기초는 무엇보다 중요합니다.
또한 기초가 튼튼하면 문제를 해결하는 힘이 생기고 학습에 자신감이 붙게 되므로 기초를 단단히 해야 합니다.

수학의 기초는 연산부터 시작합니다.

『더 연산』은 초등학교 1학년부터 6학년까지의 전체 연산을 모두 모아 덧셈, 뺄셈, 곱셈, 나눗셈을 각 1권으로, 분수, 소수를 각 2권으로 구성하여 계통성을 살려 집중적으로 학습하는 교재입니다(* 아래 표 참고).
연산을 집중적으로 학습하여 부족한 부분은 보완하고, 학습의 흐름을 이해할 수 있게 하였습니다.

나눗셈

1-1	1-2	2-1	2-2	3-1	3-2
9까지의 수	100까지의 수	세 자리 수	네 자리 수	덧셈과 뺄셈	곱셈
여러 가지 모양	덧셈과 뺄셈	여러 가지 도형	곱셈구구	평면도형	나눗셈
덧셈과 뺄셈	여러 가지 모양	덧셈과 뺄셈	길이 재기	나눗셈	원
비교하기	덧셈과 뺄셈	길이 재기	시각과 시간	곱셈	분수
50까지의 수	시계 보기와 규칙 찾기	분류하기	표와 그래프	길이와 시간	들이와 무게
–	덧셈과 뺄셈	곱셈	규칙 찾기	분수와 소수	자료의 정리

나눗셈을 처음 배우는 시기이기므로 나눗셈이 무엇인지 확실히 이해하고, 반복해서 학습해야 해요.
나눗셈이 맞는지 확인하는 방법을 이해하고, 나누는 수가 두 자리 수인 나눗셈도 도전해 보세요.

『더 연산』은 아래와 같은 상황에 더 필요하고 유용한 교재입니다.

- ✶ 이전 학년 또는 이전 학기에 배운 내용을 다시 학습해야 할 필요가 있을 때,
- ✶ 학기와 학기 사이에 배우지 않는 시기가 생길 때,
- ✶ 현재 학습 내용을 이전 학습, 이후 학습과 연결하여 학습 내용에 대한 이해를 더 견고하게 하고 싶을 때,
- ✶ 이후에 배울 내용을 미리 공부하고 싶을 때,

『더 연산』이 적합합니다.
『더 연산』은 부담스럽지 않고 꾸준히 학습할 수 있게 하루에 한 주제 분량으로 구성하였습니다.
한 주제는 간단히 개념을 확인한 후 4쪽 분량으로 연습하도록 구성하여 지치지 않게 꾸준히 학습하는 습관을 기를 수 있도록 하였습니다.

* 학기 구성의 예

4-1	4-2	5-1	5-2	6-1	6-2
큰 수	분수의 덧셈과 뺄셈	자연수의 혼합 계산	수의 범위와 어림하기	분수의 나눗셈	분수의 나눗셈
각도	삼각형	약수와 배수	분수의 곱셈	각기둥과 각뿔	소수의 나눗셈
곱셈과 나눗셈	소수의 덧셈과 뺄셈	규칙과 대응	합동과 대칭	소수의 나눗셈	공간과 입체
평면도형의 이동	사각형	약분과 통분	소수의 곱셈	비와 비율	비례식과 비례배분
막대그래프	꺾은선그래프	분수의 덧셈과 뺄셈	직육면체	여러 가지 그래프	원의 넓이
규칙 찾기	다각형	다각형의 둘레와 넓이	평균과 가능성	직육면체의 겉넓이와 부피	원기둥, 원뿔, 구

4학년에서 배우는 나눗셈은 초등학교 나눗셈의 끝판왕이에요. 4학년 나눗셈을 완성하면
이후에 배울 분수의 나눗셈과 소수의 나눗셈도 거뜬히 해낼 수 있어요.
단단하게 자리 잡힌 나눗셈 실력으로 어떤 나눗셈 문제라도 충분히 해결해 보세요.

구성과 특징

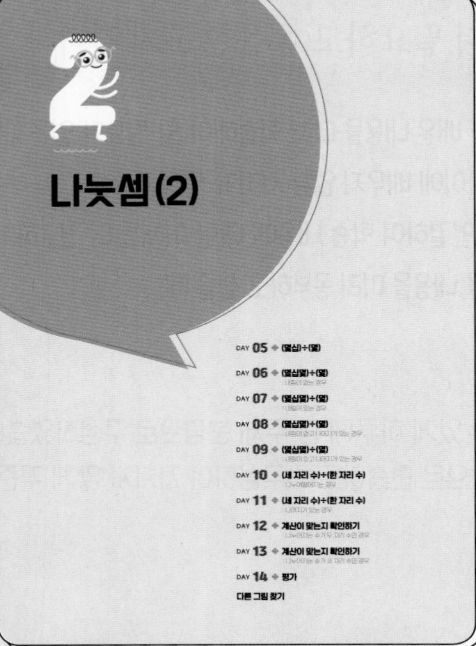

1 공부할 내용을 미리 확인해요.

2 주제별 문제를 해결해요.

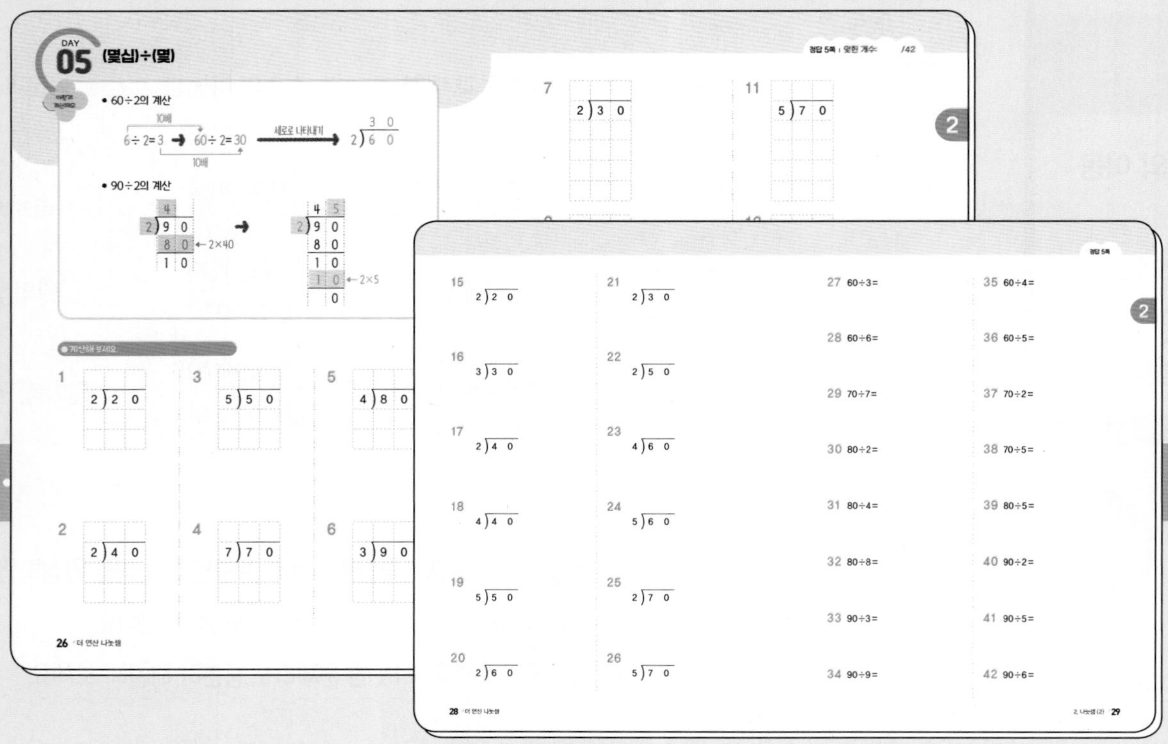

그림을 찾으며
잠시 쉬어 가요.

3 단원을 마무리해요.

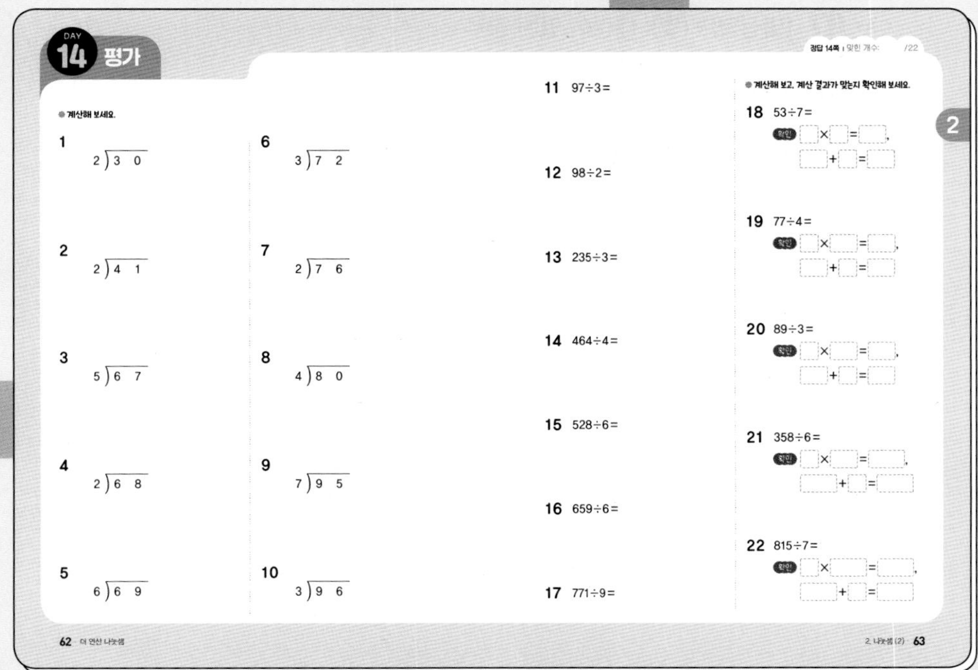

1 나눗셈(1)

2 나눗셈(2)

3

나눗셈(3)

공부 습관, 하루를 쌓아요!

공부한 내용에 맞게 공부한 날짜를 적고, 만족한 정도만큼 √표 해요.

공부한 내용	공부한 날짜		√ 확인		
DAY 01 똑같이 나누기	월	일	☐	☐	☐
DAY 02 곱셈과 나눗셈의 관계	월	일	☐	☐	☐
DAY 03 나눗셈의 몫 구하기	월	일	☐	☐	☐
DAY 04 평가	월	일	☐	☐	☐
DAY 05 (몇십)÷(몇)	월	일	☐	☐	☐
DAY 06 (몇십몇)÷(몇): 내림이 없는 경우	월	일	☐	☐	☐
DAY 07 (몇십몇)÷(몇): 내림이 있는 경우	월	일	☐	☐	☐
DAY 08 (몇십몇)÷(몇): 내림이 없고 나머지가 있는 경우	월	일	☐	☐	☐
DAY 09 (몇십몇)÷(몇): 내림이 있고 나머지가 있는 경우	월	일	☐	☐	☐
DAY 10 (세 자리 수)÷(한 자리 수): 나누어떨어지는 경우	월	일	☐	☐	☐
DAY 11 (세 자리 수)÷(한 자리 수): 나머지가 있는 경우	월	일	☐	☐	☐
DAY 12 계산이 맞는지 확인하기: 나누어지는 수가 두 자리 수인 경우	월	일	☐	☐	☐
DAY 13 계산이 맞는지 확인하기: 나누어지는 수가 세 자리 수인 경우	월	일	☐	☐	☐
DAY 14 평가	월	일	☐	☐	☐
DAY 15 (세 자리 수)÷(몇십): 나누어떨어지는 경우	월	일	☐	☐	☐
DAY 16 (세 자리 수)÷(몇십): 나머지가 있는 경우	월	일	☐	☐	☐
DAY 17 (두 자리 수)÷(두 자리 수): 나누어떨어지는 경우	월	일	☐	☐	☐
DAY 18 (두 자리 수)÷(두 자리 수): 나머지가 있는 경우	월	일	☐	☐	☐
DAY 19 (세 자리 수)÷(두 자리 수): 몫이 한 자리 수이고 나누어떨어지는 경우	월	일	☐	☐	☐
DAY 20 (세 자리 수)÷(두 자리 수): 몫이 한 자리 수이고 나머지가 있는 경우	월	일	☐	☐	☐
DAY 21 (세 자리 수)÷(두 자리 수): 몫이 두 자리 수이고 나누어떨어지는 경우	월	일	☐	☐	☐
DAY 22 (세 자리 수)÷(두 자리 수): 몫이 두 자리 수이고 나머지가 있는 경우	월	일	☐	☐	☐
DAY 23 평가	월	일	☐	☐	☐

나눗셈 (1)

DAY 01

똑같이 나누기

이렇게 계산해요

- 똑같이 나누어 주는 나눗셈

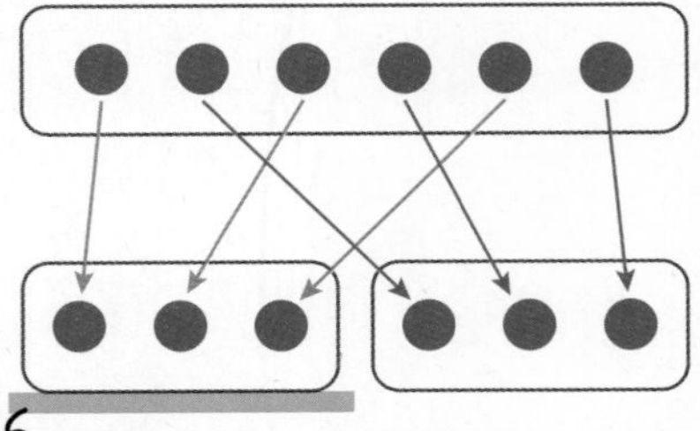

6개를 2곳에 똑같이 나누면 한 곳에 3개씩이에요.

- 같은 양을 덜어 내는 나눗셈

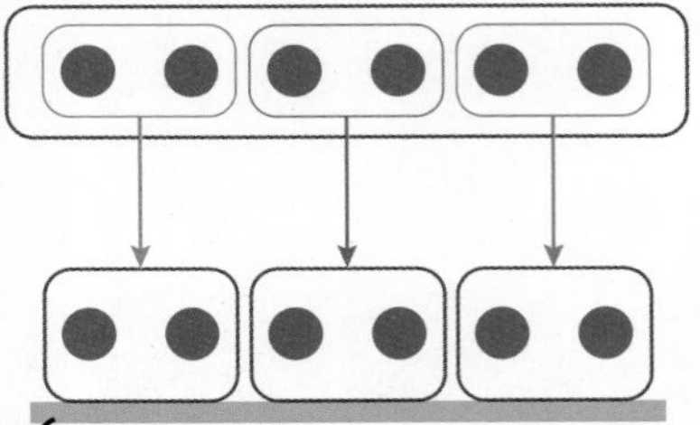

6개를 2개씩 덜어 내면 3번 덜어 내요.

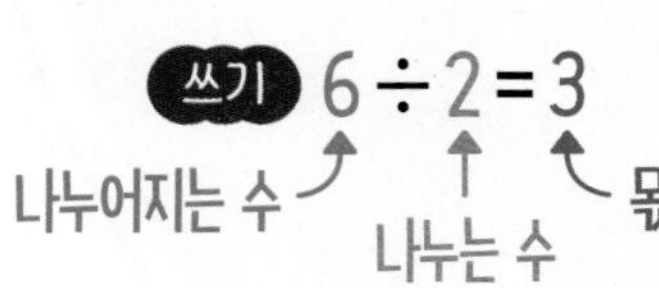

쓰기 6 ÷ 2 = 3

나누어지는 수 ↗ ↑ 나누는 수 ↖ 몫

읽기 6 나누기 2는 3과 같습니다.

● 과일을 주어진 접시에 똑같이 나누어 놓으려고 합니다. □ 안에 알맞은 수를 써넣으세요.

1

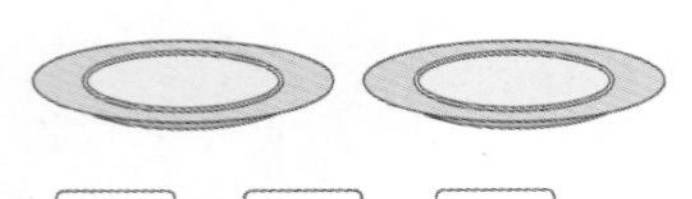

→ 8 ÷ 2 = □

3

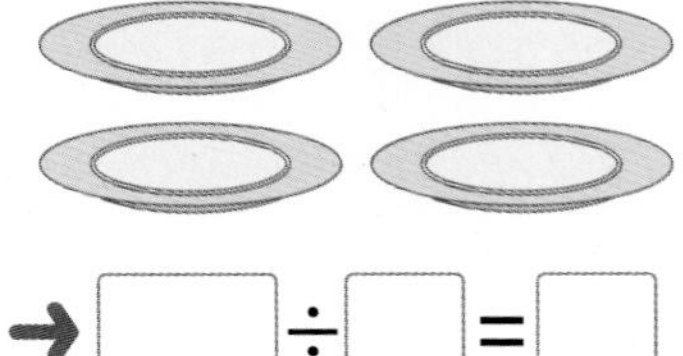

→ □ ÷ □ = □

2

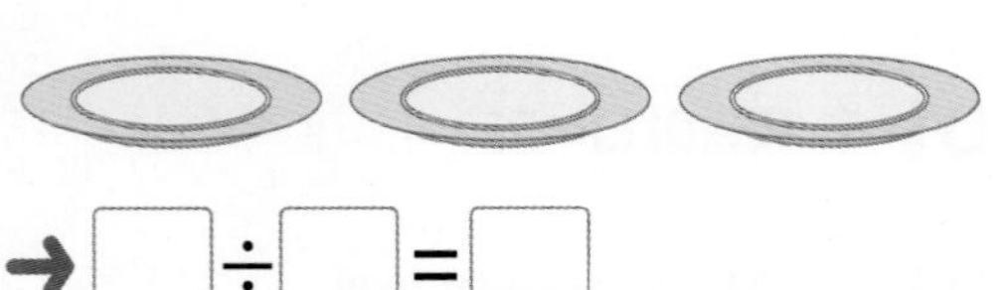

→ □ ÷ □ = □

4

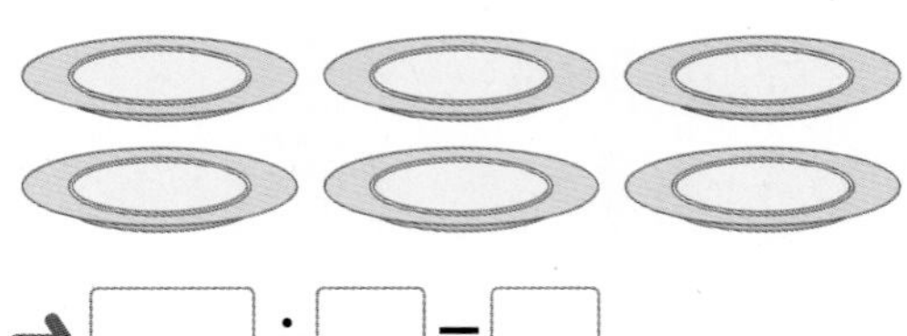

→ □ ÷ □ = □

1

● 그림을 보고 □ 안에 알맞은 수를 써넣으세요.

5

$14-2-2-2-2-2-2-2=0$

→ $\boxed{14} \div \boxed{2} = \square$

6

$18-3-3-3-3-3-\square=0$

→ $\square \div \square = \square$

7

$16-4-4-4-\square=0$

→ $\square \div \square = \square$

8

$25-5-5-5-\square-\square=0$

→ $\square \div \square = \square$

9

$21-7-\square-\square=0$

→ $\square \div \square = \square$

10

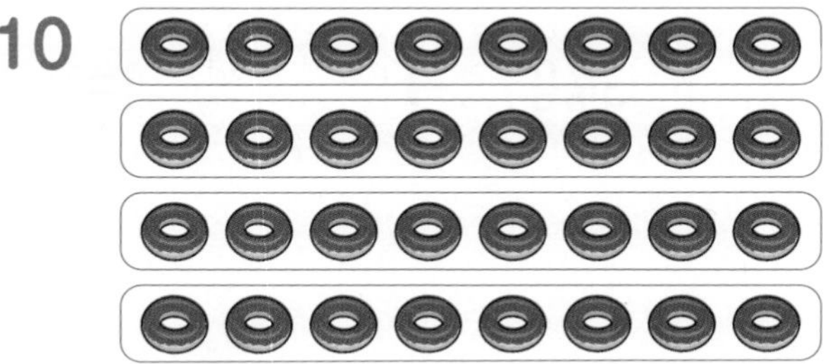

$32-8-8-\square-\square=0$

→ $\square \div \square = \square$

11

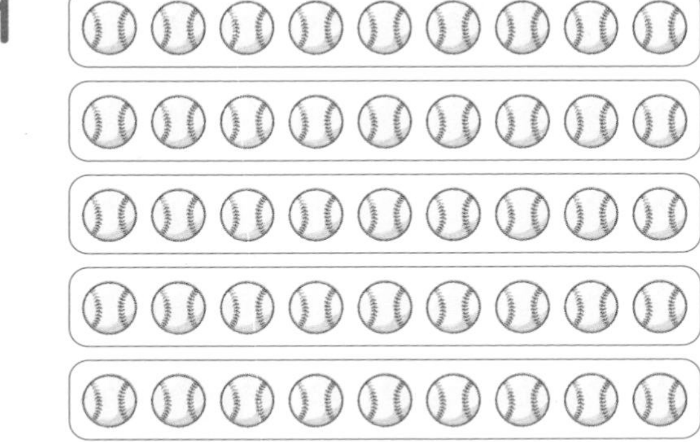

$45-9-9-9-\square-\square=0$

→ $\square \div \square = \square$

● ◯를 주어진 묶음으로 똑같이 나누면 한 묶음에 몇 개씩인지 나눗셈식으로 나타내어 보세요.

12

2묶음 → □ ÷ □ = □

13

3묶음 → □ ÷ □ = □

14

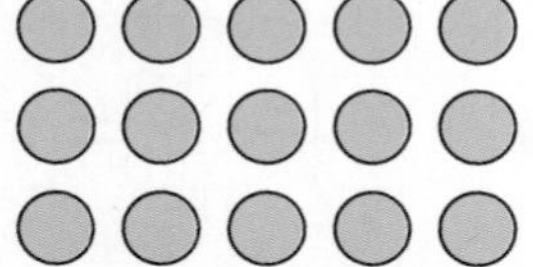

4묶음 → □ ÷ □ = □

15

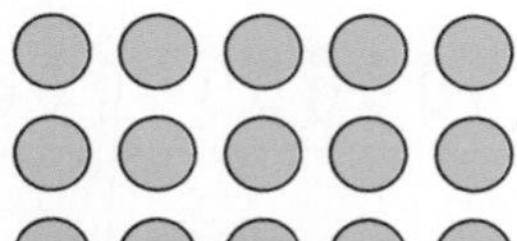

5묶음 → □ ÷ □ = □

16

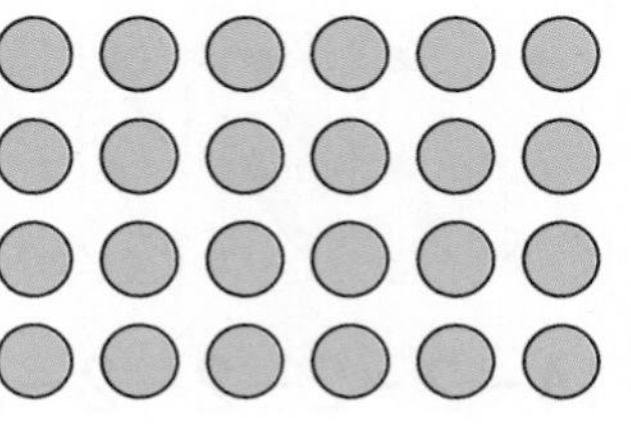

6묶음 → □ ÷ □ = □

17

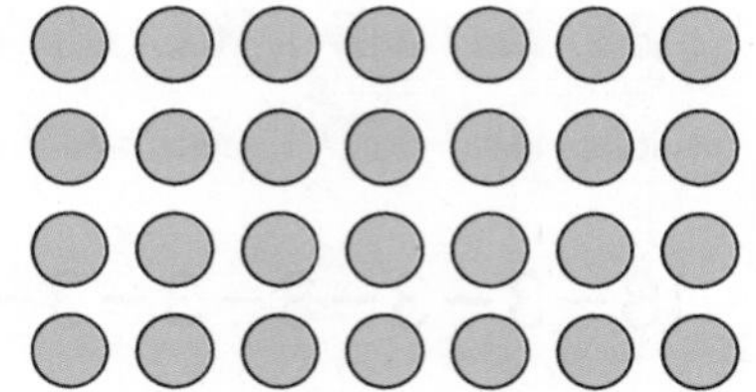

7묶음 → □ ÷ □ = □

18

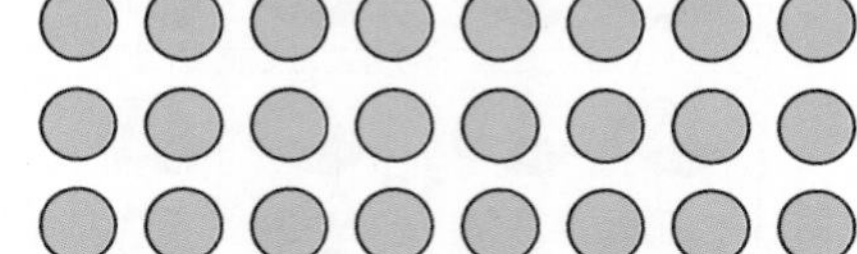

8묶음 → □ ÷ □ = □

19

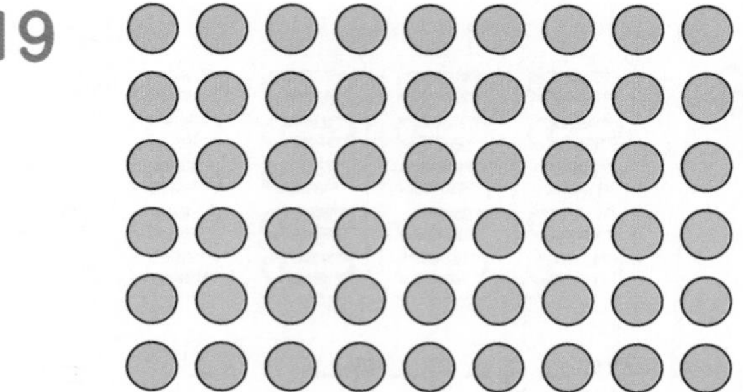

9묶음 → □ ÷ □ = □

정답 1쪽

1

●○를 주어진 수만큼씩 묶으면 몇 묶음이 되는지 나눗셈식으로 나타내어 보세요.

20
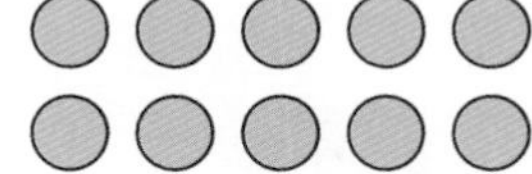
2개씩 → □ ÷ □ = □

21
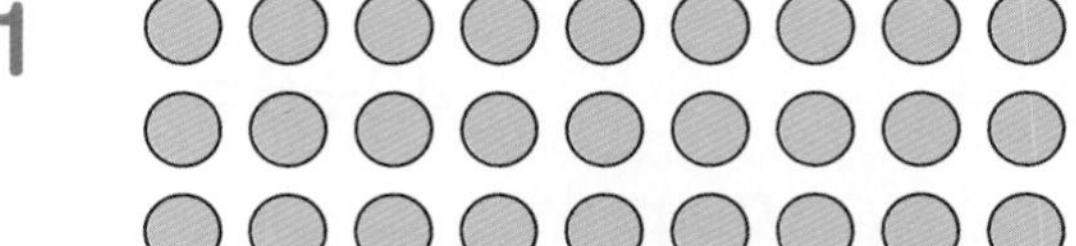
3개씩 → □ ÷ □ = □

22
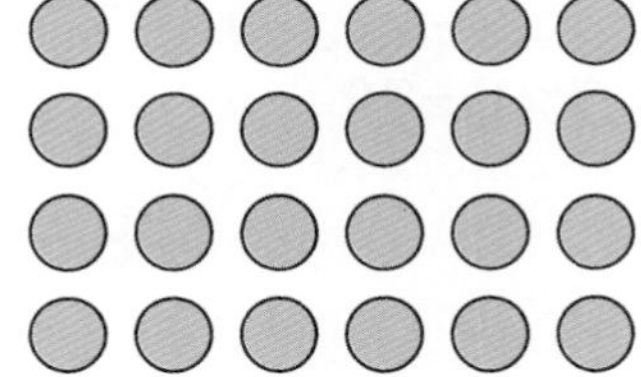
4개씩 → □ ÷ □ = □

23
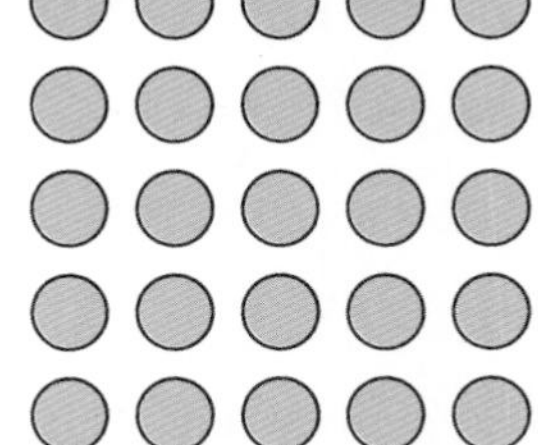
5개씩 → □ ÷ □ = □

24
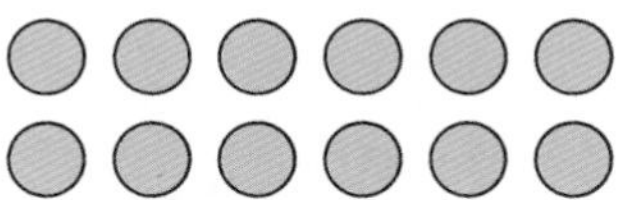
6개씩 → □ ÷ □ = □

25
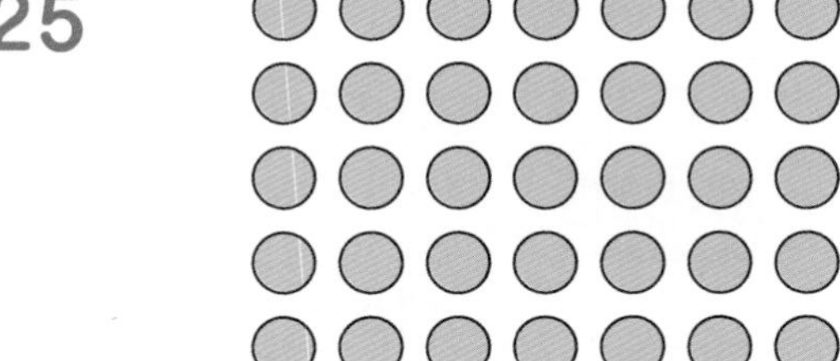
7개씩 → □ ÷ □ = □

26
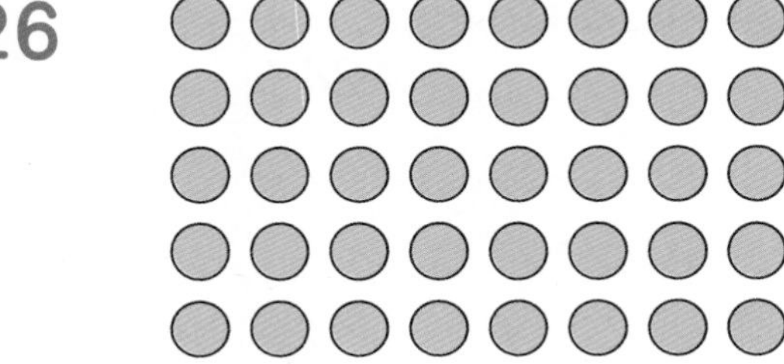
8개씩 → □ ÷ □ = □

27
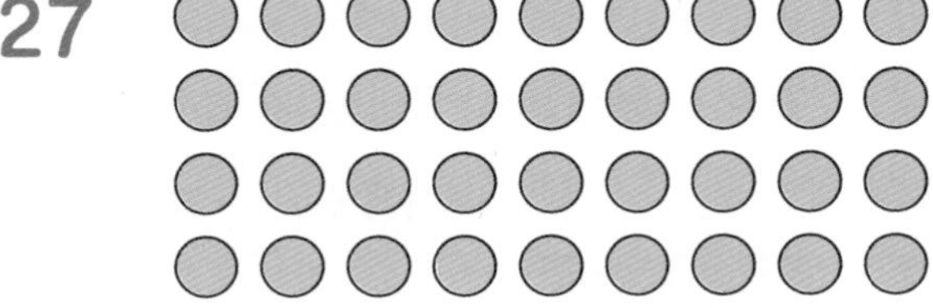
9개씩 → □ ÷ □ = □

DAY 02

곱셈과 나눗셈의 관계

이렇게 계산해요

- 곱셈식을 나눗셈식으로 나타내기

$3\times2=6$ → $6\div3=2$, $6\div2=3$

- 나눗셈식을 곱셈식으로 나타내기

$6\div3=2$ → $3\times2=6$, $2\times3=6$

● 곱셈식을 나눗셈식으로 나타내어 보세요.

1 $3\times5=15$ → $15\div3=\square$, $15\div\square=\square$

2 $4\times6=24$ → $24\div\square=6$, $24\div\square=\square$

3 $5\times7=35$ → $35\div5=\square$, $35\div\square=\square$

4 $6\times3=18$ → $18\div\square=3$, $18\div\square=\square$

5 $6\times7=42$ → $42\div6=\square$, $42\div\square=\square$

6 $7\times4=28$ → $28\div\square=4$, $28\div\square=\square$

7 $8\times6=48$ → $48\div8=\square$, $48\div\square=\square$

8 $9\times8=72$ → $72\div\square=8$, $72\div\square=\square$

● 나눗셈식을 곱셈식으로 나타내어 보세요.

9

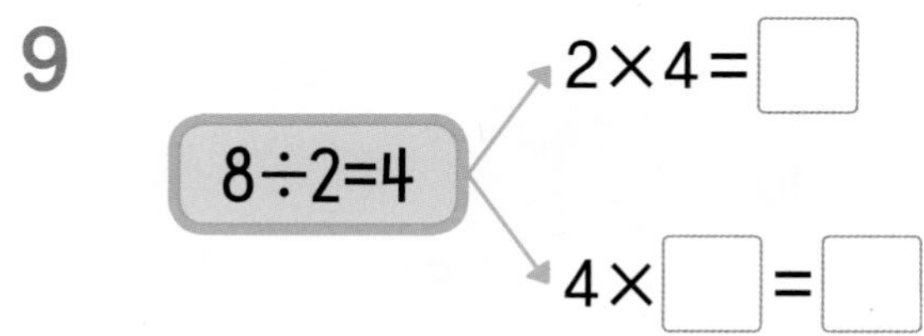

10

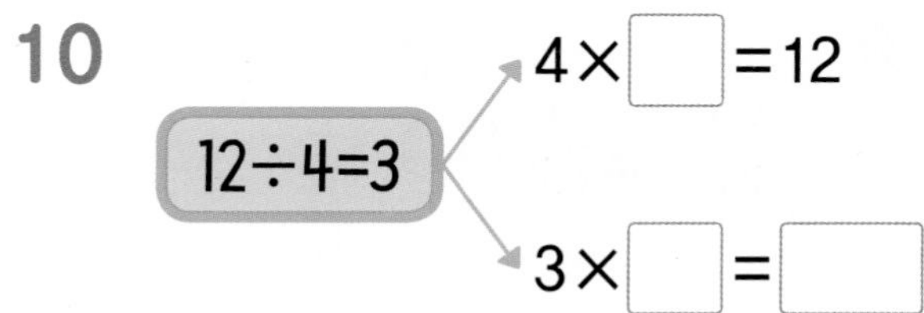

11

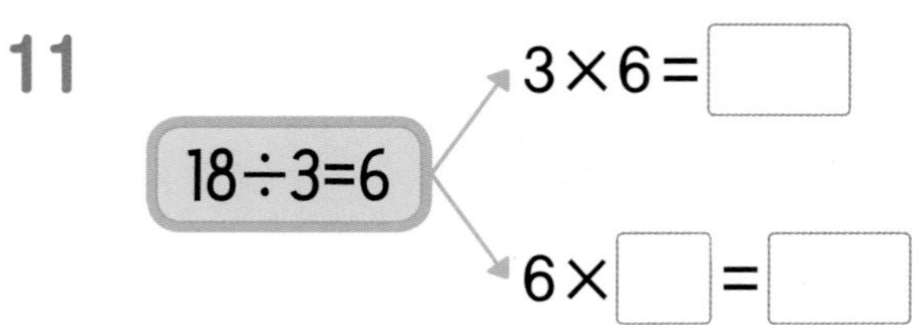

12

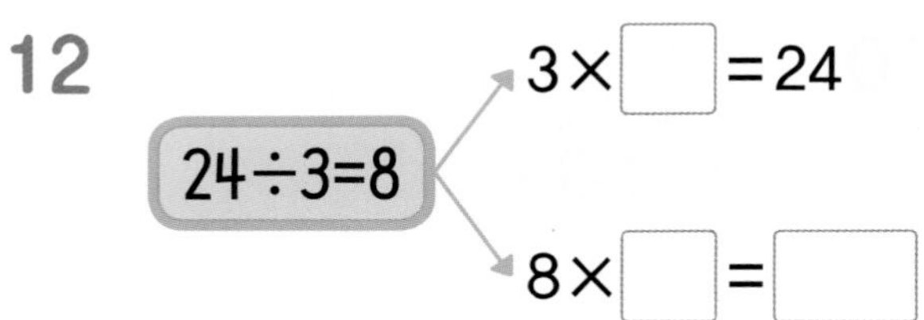

13

30÷6=5

6×5=□

5×□=□

14

32÷8=4

8×□=32

4×□=□

15

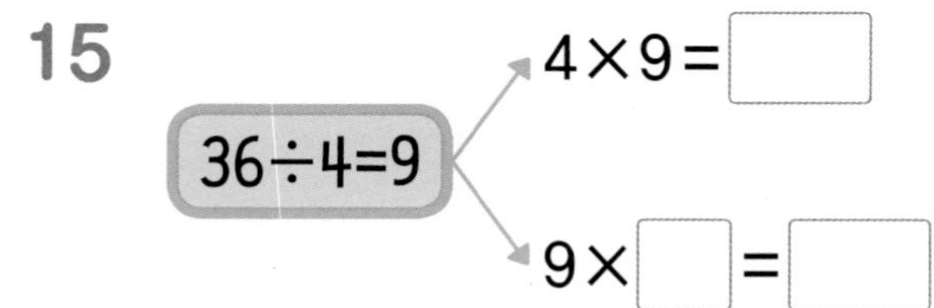

16

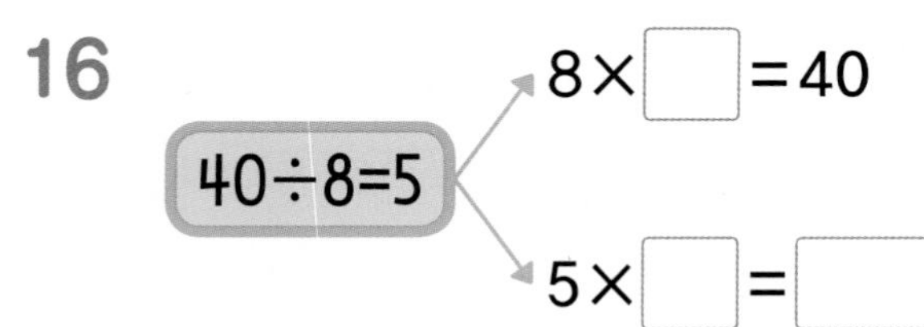

17

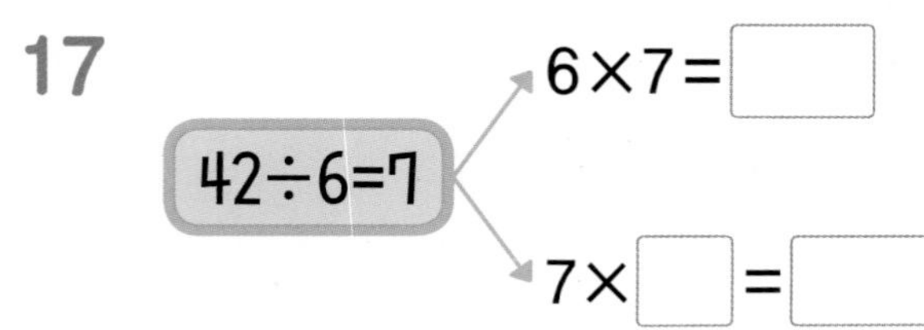

18

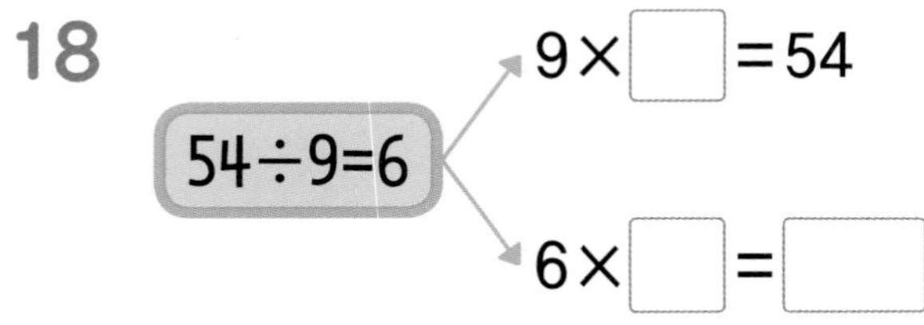

19

56÷7=8

7×8=□

8×□=□

20

72÷8=9

8×□=72

9×□=□

● 곱셈식을 나눗셈식으로, 나눗셈식을 곱셈식으로 나타내어 보세요.

21

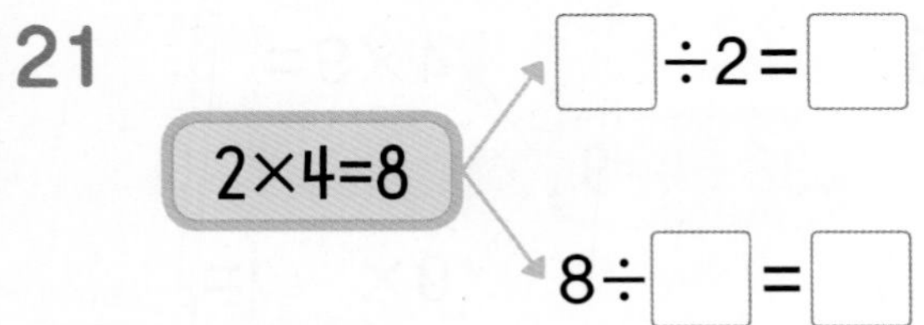

22

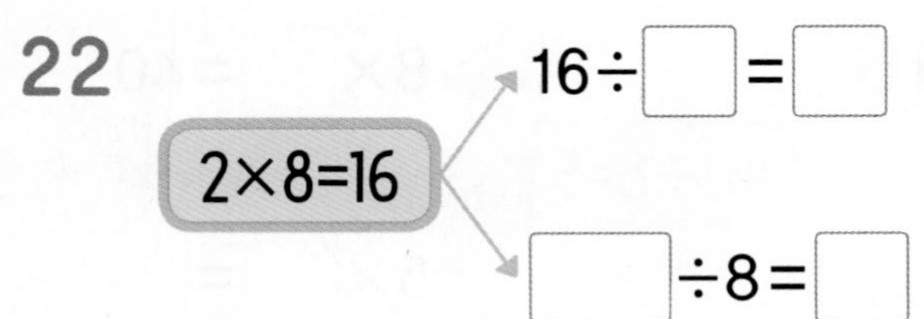

23

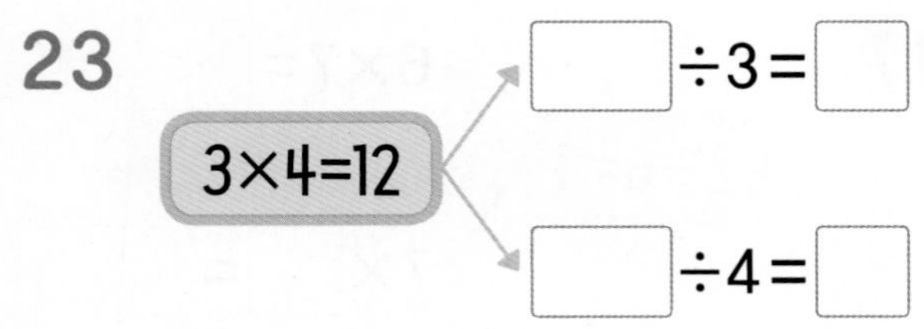

24

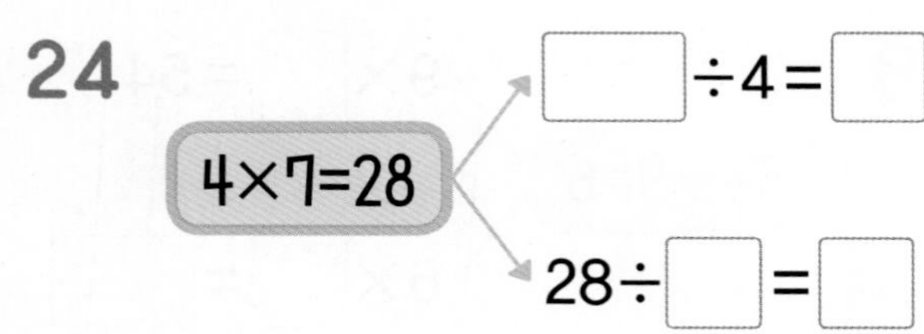

25

5×2=10

10÷□=2

□÷2=□

26

5×9=45

□÷5=□

□÷9=□

27

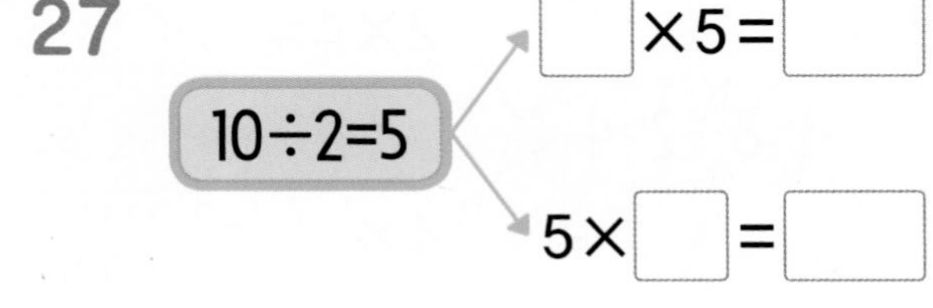

28

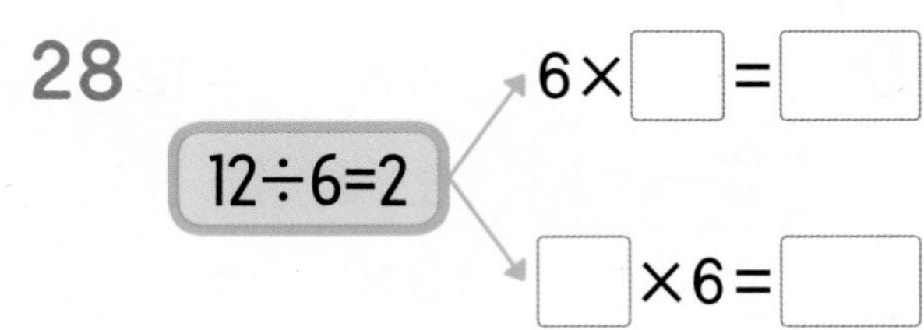

29

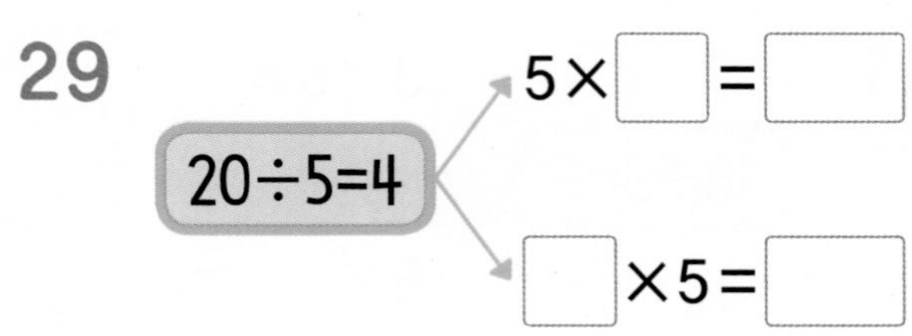

30

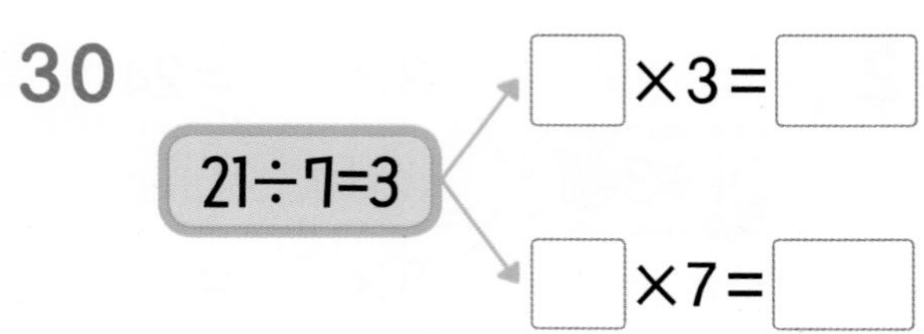

31

24÷4=6

□×6=□

6×□=□

32

28÷7=4

7×□=□

□×7=□

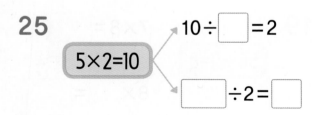

33

6×3=18

□÷6=□

18÷□=□

34

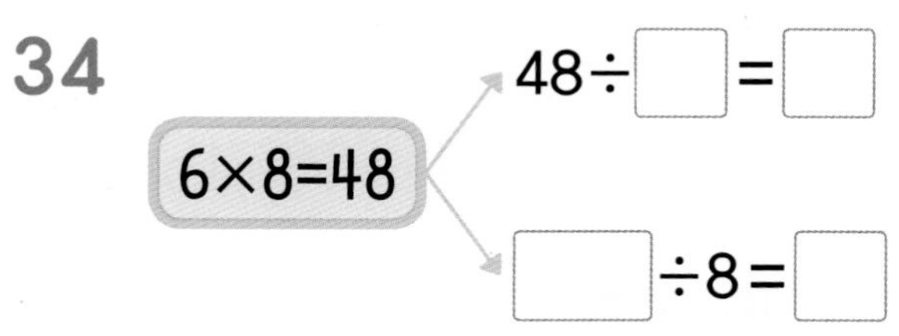

35

7×2=14

□÷7=□

□÷2=□

36

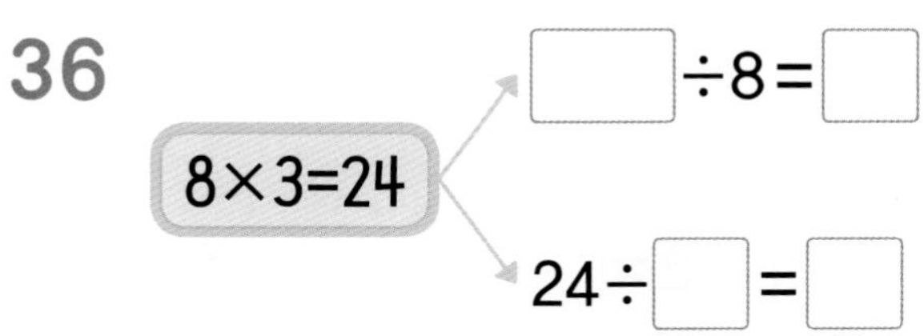

37

8×7=56

56÷□=□

□÷7=□

38

9×4=36

□÷9=□

□÷4=□

39

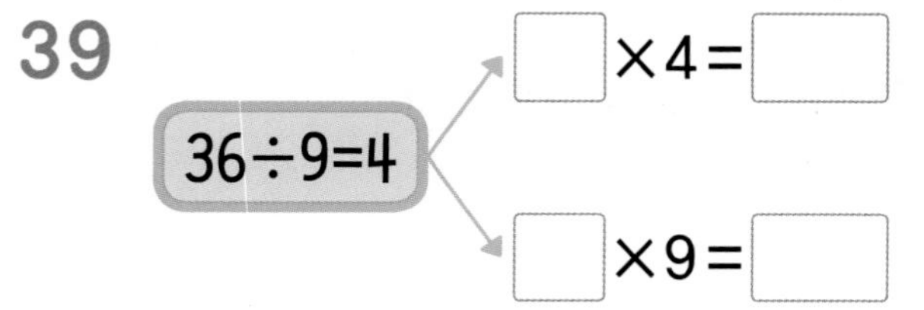

40

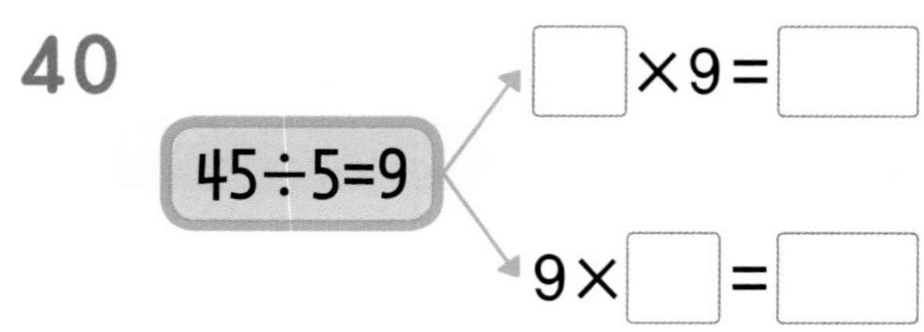

41

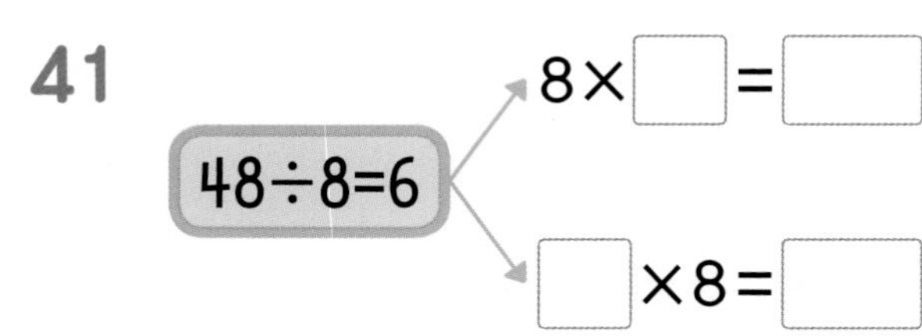

42

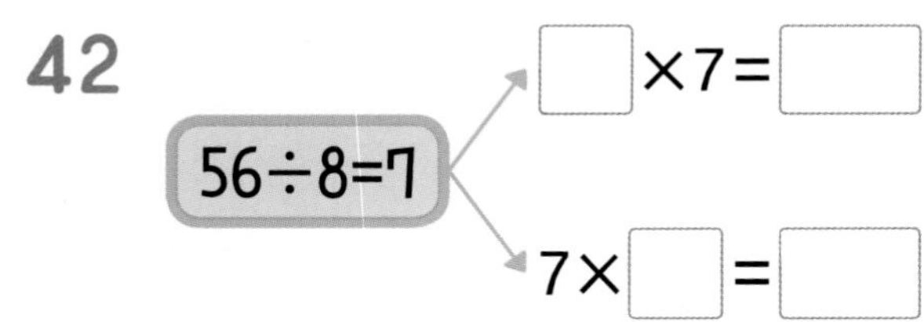

43

63÷7=9

7×□=□

□×7=□

44

72÷9=8

□×8=□

□×9=□

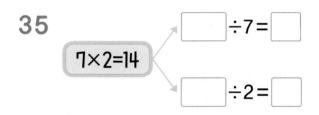

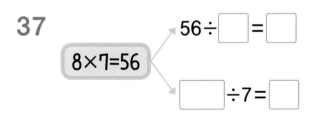

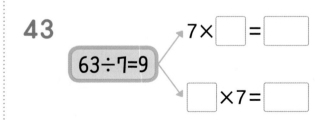

DAY 03

나눗셈의 몫 구하기

이렇게 계산해요

12÷4의 계산

$12 \div 4 = \boxed{3}$ ← $4 \times 3 = 12$

● 나눗셈의 몫을 곱셈식으로 구하기 보세요.

1 $6 \div 2 = \square$ → $2 \times \square = 6$

2 $8 \div 2 = \square$ → $2 \times \square = 8$

3 $12 \div 2 = \square$ → $2 \times \square = 12$

4 $12 \div 3 = \square$ → $3 \times \square = 12$

5 $15 \div 3 = \square$ → $3 \times \square = 15$

6 $16 \div 4 = \square$ → $4 \times \square = 16$

7 $16 \div 8 = \square$ → $8 \times \square = 16$

8 $18 \div 2 = \square$ → $2 \times \square = 18$

9 $24 \div 3 = \square$ → $3 \times \square = 24$

10 $28 \div 4 = \square$ → $4 \times \square = 28$

11 $32 \div 4 = \square \rightarrow 4 \times \square = 32$

12 $35 \div 5 = \square \rightarrow 5 \times \square = 35$

13 $36 \div 9 = \square \rightarrow 9 \times \square = 36$

14 $40 \div 8 = \square \rightarrow 8 \times \square = 40$

15 $42 \div 6 = \square \rightarrow 6 \times \square = 42$

16 $42 \div 7 = \square \rightarrow 7 \times \square = 42$

17 $45 \div 9 = \square \rightarrow 9 \times \square = 45$

18 $48 \div 6 = \square \rightarrow 6 \times \square = 48$

19 $48 \div 8 = \square \rightarrow 8 \times \square = 48$

20 $49 \div 7 = \square \rightarrow 7 \times \square = 49$

21 $54 \div 9 = \square \rightarrow 9 \times \square = 54$

22 $56 \div 8 = \square \rightarrow 8 \times \square = 56$

23 $63 \div 7 = \square \rightarrow 7 \times \square = 63$

24 $63 \div 9 = \square \rightarrow 9 \times \square = 63$

25 $64 \div 8 = \square \rightarrow 8 \times \square = 64$

26 $72 \div 9 = \square \rightarrow 9 \times \square = 72$

● 나눗셈의 몫을 구해 보세요.

27 $4 \div 2 =$

28 $6 \div 3 =$

29 $9 \div 3 =$

30 $10 \div 2 =$

31 $10 \div 5 =$

32 $12 \div 4 =$

33 $12 \div 6 =$

34 $14 \div 7 =$

35 $15 \div 5 =$

36 $16 \div 2 =$

37 $18 \div 3 =$

38 $18 \div 9 =$

39 $20 \div 4 =$

40 $20 \div 5 =$

41 $24 \div 4 =$

42 $24 \div 8 =$

43 $25 \div 5 =$

44 $27 \div 3 =$

45 $27 \div 9 =$

46 $28 \div 7 =$

47 $30 \div 5 =$

48 $30 \div 6 =$

49 $32 \div 8 =$

50 $35 \div 7 =$

51 $36 \div 4 =$

52 $36 \div 6 =$

53 $40 \div 5 =$

54 $45 \div 5 =$

55 $54 \div 6 =$

56 $56 \div 7 =$

57 $72 \div 8 =$

58 $81 \div 9 =$

DAY 04 평가

●를 주어진 묶음으로 똑같이 나누면 한 묶음에 몇 개씩인지 나눗셈식으로 나타내어 보세요.

1

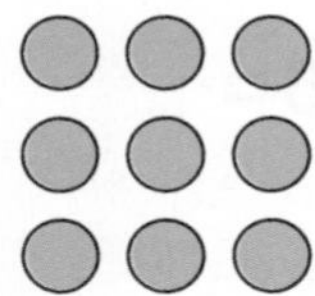

3묶음 → ☐ ÷ ☐ = ☐

2

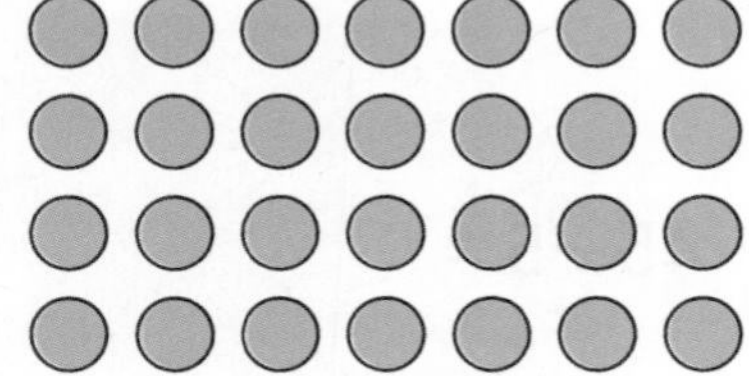

4묶음 → ☐ ÷ ☐ = ☐

3

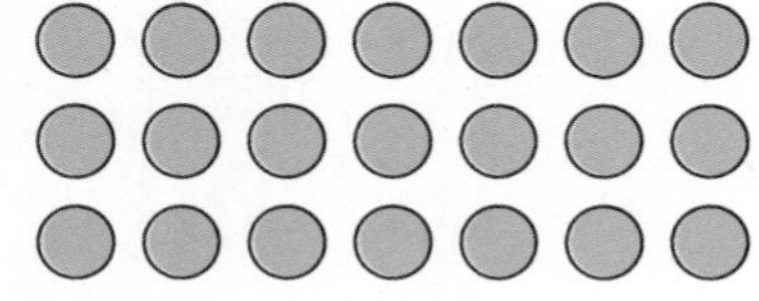

7묶음 → ☐ ÷ ☐ = ☐

4

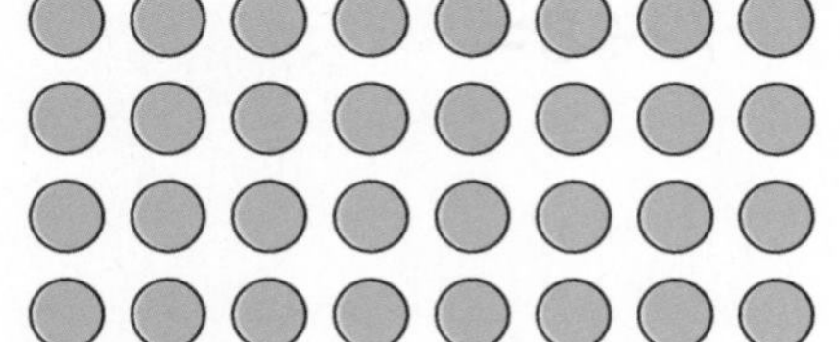

8묶음 → ☐ ÷ ☐ = ☐

●를 주어진 수만큼씩 묶으면 몇 묶음이 되는지 나눗셈식으로 나타내어 보세요.

5

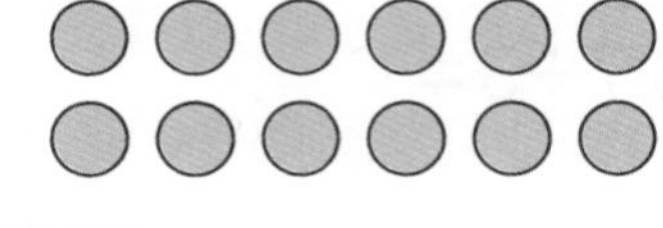

2개씩 → ☐ ÷ ☐ = ☐

6

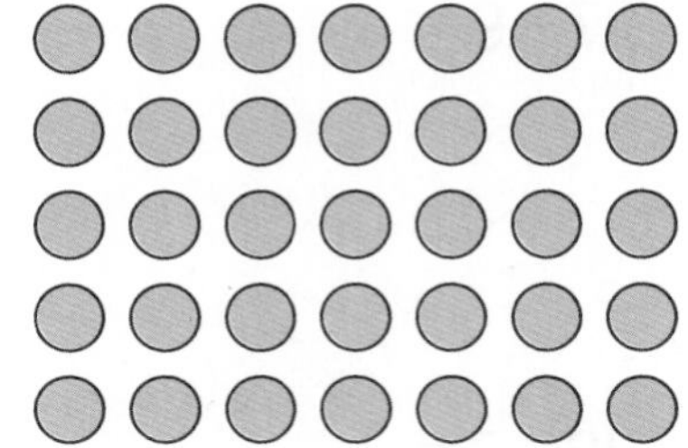

5개씩 → ☐ ÷ ☐ = ☐

7

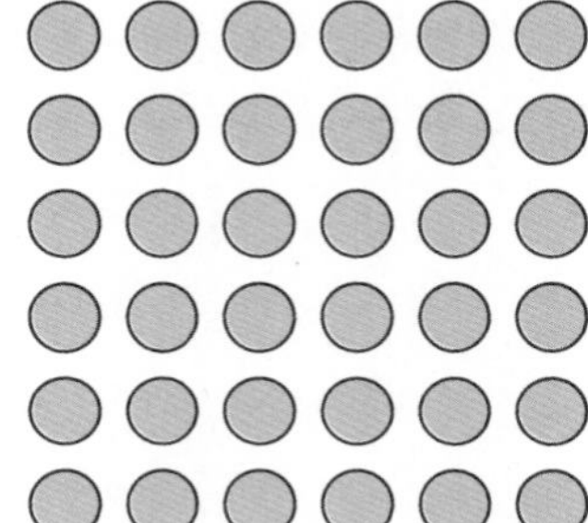

6개씩 → ☐ ÷ ☐ = ☐

8

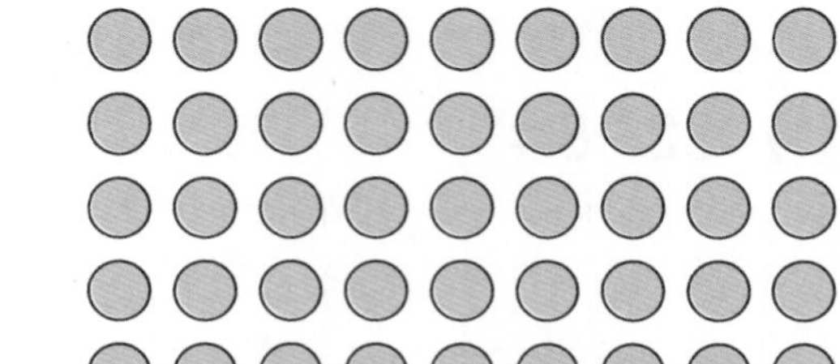

9개씩 → ☐ ÷ ☐ = ☐

● 곱셈식을 나눗셈식으로, 나눗셈식을 곱셈식으로 나타내어 보세요.

9 2×9=18
- □÷2=□
- 18÷□=□

10 5×6=30
- 30÷□=□
- □÷6=□

11 7×9=63
- □÷7=□
- □÷9=□

12 27÷3=9
- □×9=□
- 9×□=□

13 35÷7=5
- 7×□=□
- □×7=□

14 48÷6=8
- □×8=□
- □×6=□

● 나눗셈의 몫을 구해 보세요.

15 8÷2=

16 10÷5=

17 21÷3=

18 24÷6=

19 36÷4=

20 40÷8=

21 49÷7=

정답 4쪽

다른 그림 8곳을 찾아보세요.

나눗셈(2)

DAY

05 (몇십)÷(몇)

이렇게 계산해요

• 60÷2의 계산

10배

6÷2=3 ➜ 60÷2=30 —세로로 나타내기→

10배

```
    3 0
2 ) 6 0
```

• 90÷2의 계산

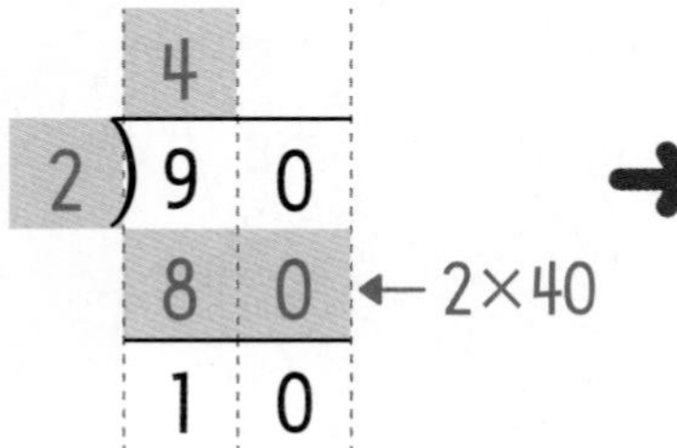

```
      4
2 ) 9 0
    8 0   ← 2×40
    1 0
```

➜

```
      4 5
2 ) 9 0
    8 0
    1 0
    1 0   ← 2×5
      0
```

계산해 보세요.

1

```
2 ) 2 0
```

2

```
2 ) 4 0
```

3

```
5 ) 5 0
```

4

```
7 ) 7 0
```

5

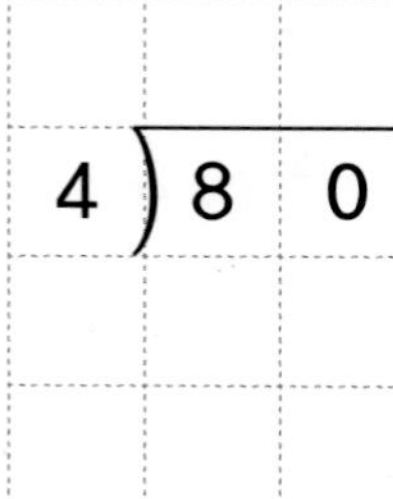

```
4 ) 8 0
```

6

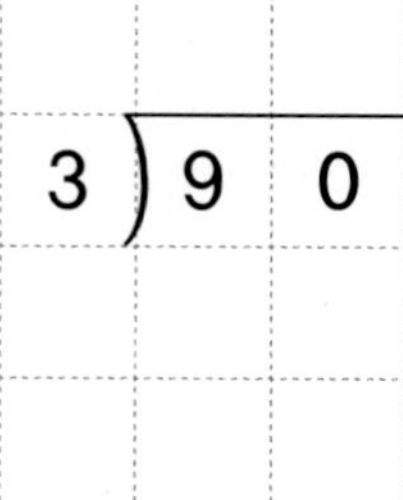

```
3 ) 9 0
```

7

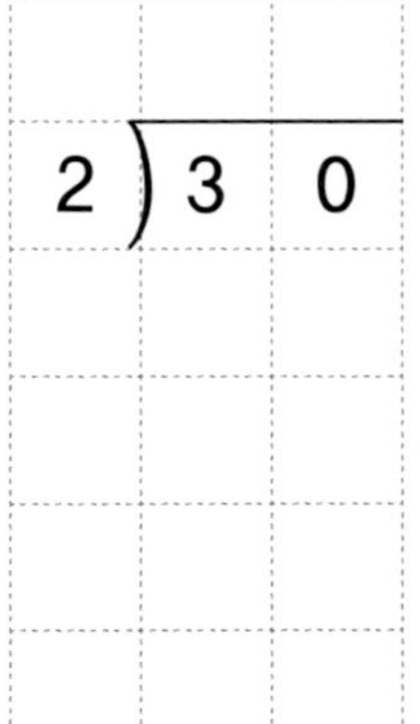

8

$2\overline{)50}$

9

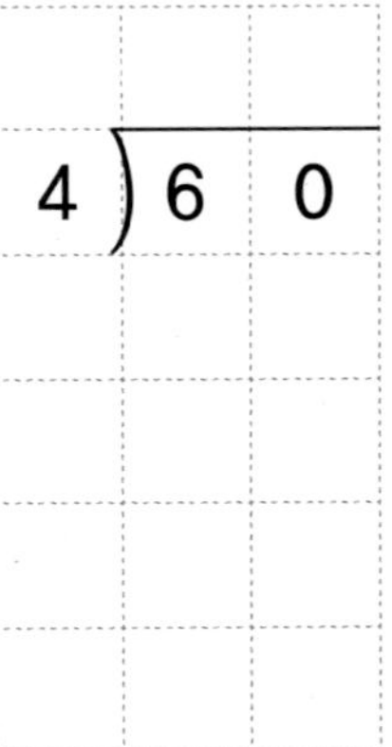

10

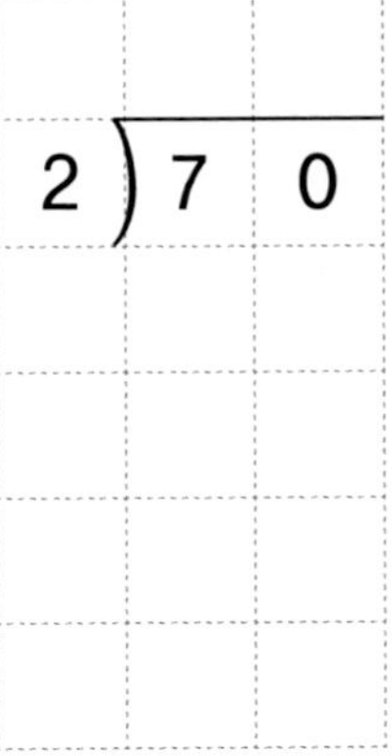

11

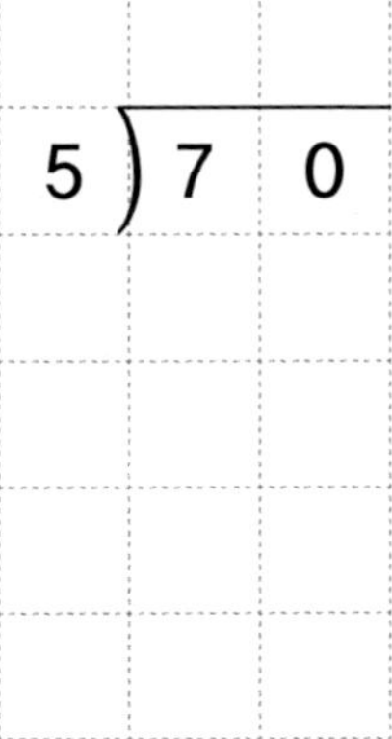

12

$5\overline{)80}$

13

$5\overline{)90}$

14

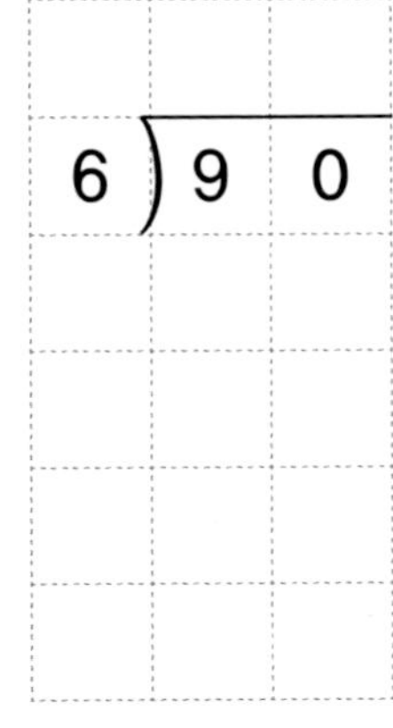

15

$2\overline{)20}$

16

$3\overline{)30}$

17

$2\overline{)40}$

18

$4\overline{)40}$

19

$5\overline{)50}$

20

$2\overline{)60}$

21

$2\overline{)30}$

22

$2\overline{)50}$

23

$4\overline{)60}$

24

$5\overline{)60}$

25

$2\overline{)70}$

26

$5\overline{)70}$

정답 5쪽

2

27 $60 \div 3 =$

28 $60 \div 6 =$

29 $70 \div 7 =$

30 $80 \div 2 =$

31 $80 \div 4 =$

32 $80 \div 8 =$

33 $90 \div 3 =$

34 $90 \div 9 =$

35 $60 \div 4 =$

36 $60 \div 5 =$

37 $70 \div 2 =$

38 $70 \div 5 =$

39 $80 \div 5 =$

40 $90 \div 2 =$

41 $90 \div 5 =$

42 $90 \div 6 =$

DAY 06

(몇십몇)÷(몇)

: 내림이 없는 경우

이렇게 계산해요

36÷3의 계산

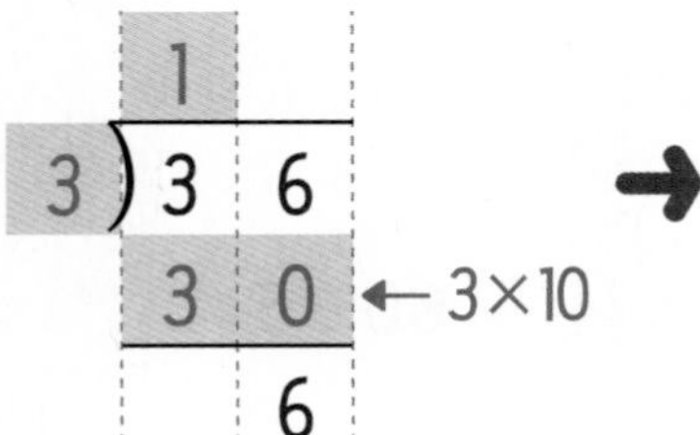

$$\begin{array}{r} 1 \\ 3\overline{)36} \\ 30 \\ \hline 6 \end{array} \leftarrow 3\times10 \quad \rightarrow \quad \begin{array}{r} 12 \\ 3\overline{)36} \\ 30 \\ \hline 6 \\ 6 \\ \hline 0 \end{array} \leftarrow 3\times2$$

● 계산해 보세요.

1 $2\overline{)24}$

3 $3\overline{)33}$

5 $4\overline{)48}$

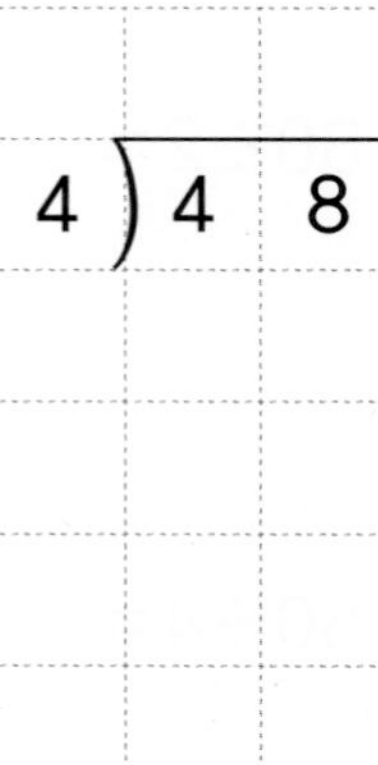

2 $2\overline{)28}$

4 $2\overline{)42}$

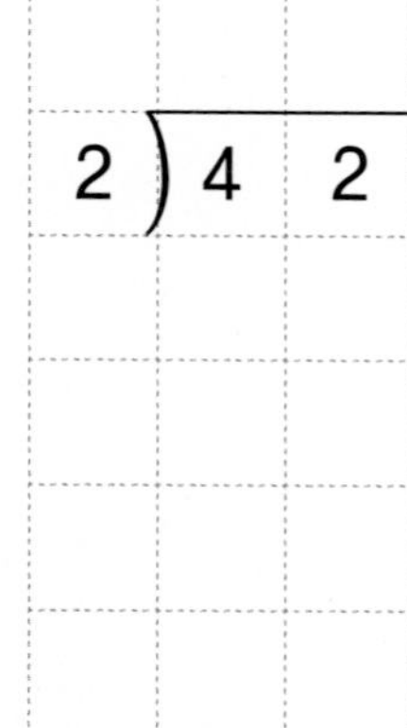

6 $5\overline{)55}$

7

8

9

10

11

12

4) 8 4

13

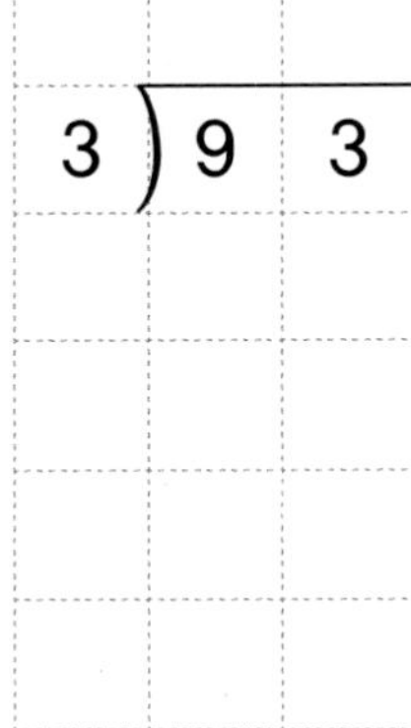

14

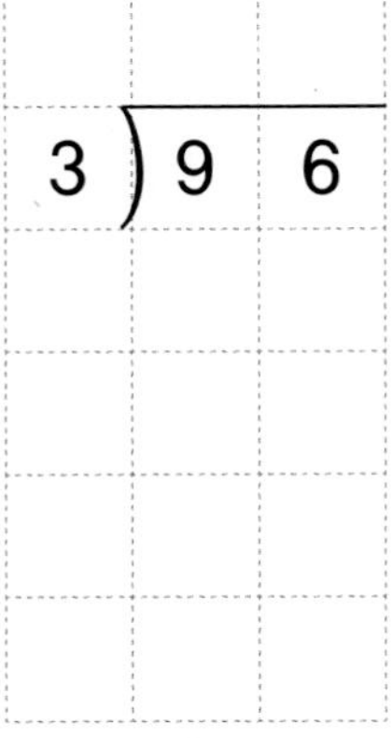

15

$2\overline{)22}$

16

$2\overline{)26}$

17

$3\overline{)36}$

18

$3\overline{)39}$

19

$2\overline{)44}$

20

$4\overline{)44}$

21

$2\overline{)46}$

22

$2\overline{)48}$

23

$2\overline{)62}$

24

$3\overline{)63}$

25

$2\overline{)64}$

26

$2\overline{)66}$

27 $66 \div 3 =$

28 $66 \div 6 =$

29 $68 \div 2 =$

30 $69 \div 3 =$

31 $77 \div 7 =$

32 $82 \div 2 =$

33 $84 \div 2 =$

34 $84 \div 4 =$

35 $86 \div 2 =$

36 $88 \div 2 =$

37 $88 \div 4 =$

38 $88 \div 8 =$

39 $93 \div 3 =$

40 $96 \div 3 =$

41 $99 \div 3 =$

42 $99 \div 9 =$

DAY 07

(몇십몇)÷(몇)

: 내림이 있는 경우

이렇게 계산해요

36÷2의 계산

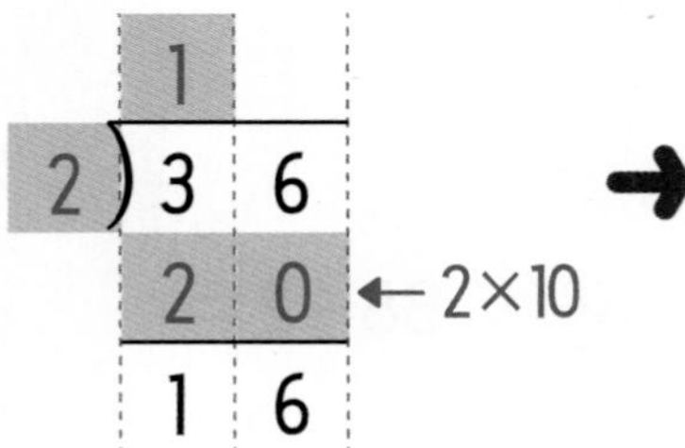

➜

	1	8
2)	3	6
	2	0
	1	6
	1	6 ← 2×8
		0

● 계산해 보세요.

1 $2\overline{)32}$

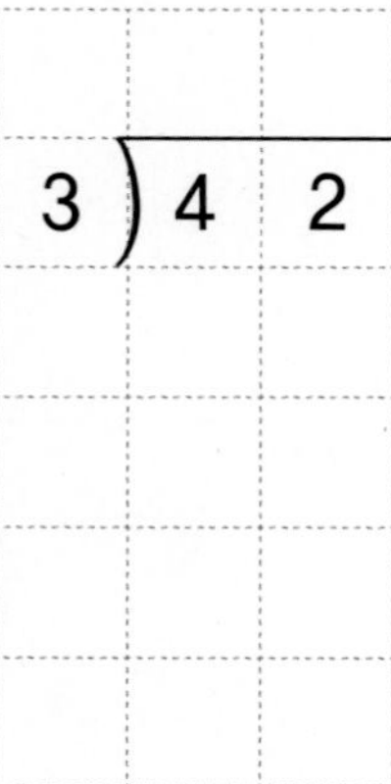
2 $3\overline{)42}$

3 $3\overline{)48}$

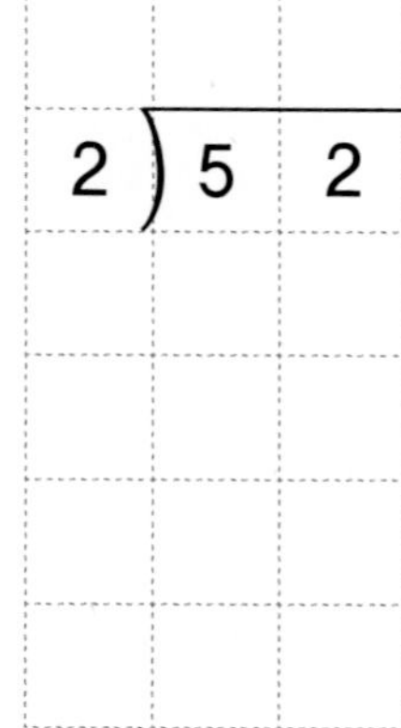
4 $2\overline{)52}$

5 $3\overline{)54}$

6 $4\overline{)56}$

7

8

5) 6 5

9
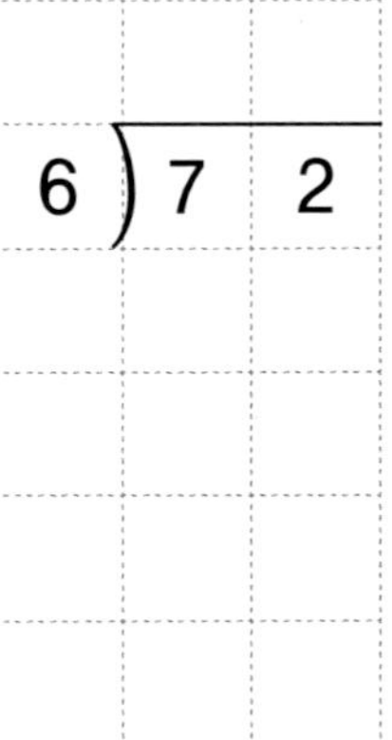

10

2) 7 6

11

12

5) 8 5

13

4) 9 2

14

6) 9 6

15

$2\overline{)34}$

16

$2\overline{)38}$

17

$3\overline{)45}$

18

$3\overline{)51}$

19

$4\overline{)52}$

20

$2\overline{)54}$

21

$2\overline{)56}$

22

$3\overline{)57}$

23

$2\overline{)58}$

24

$4\overline{)68}$

25

$4\overline{)72}$

26

$2\overline{)74}$

정답 7쪽

27 $75 \div 5 =$

28 $76 \div 4 =$

29 $78 \div 2 =$

30 $78 \div 6 =$

31 $81 \div 3 =$

32 $84 \div 3 =$

33 $84 \div 6 =$

34 $84 \div 7 =$

35 $87 \div 3 =$

36 $91 \div 7 =$

37 $92 \div 2 =$

38 $94 \div 2 =$

39 $95 \div 5 =$

40 $96 \div 4 =$

41 $96 \div 8 =$

42 $98 \div 7 =$

DAY 08

(몇십몇)÷(몇)

: 내림이 없고 나머지가 있는 경우

이렇게 계산해요

37÷3의 계산

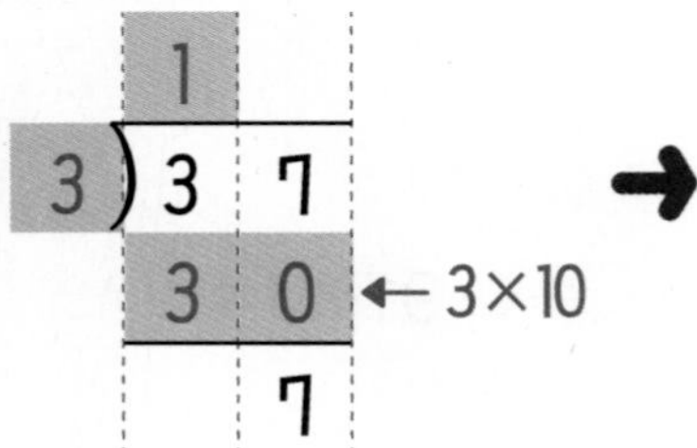

➜

1 2
3) 3 7
3 0
7
6 ← 3×2
1
나머지

● 계산해 보세요.

1

2) 2 3

3

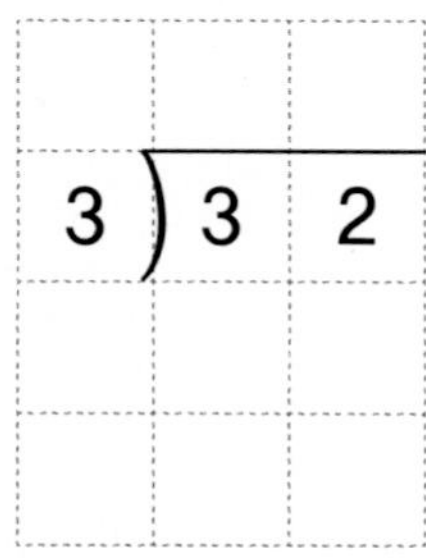

5

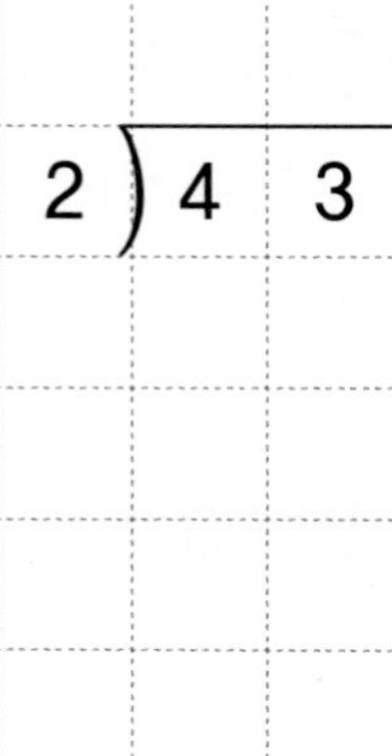

2

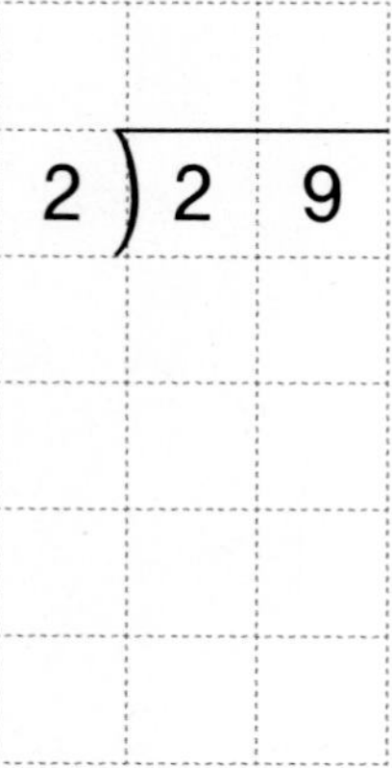

4

3) 3 5

6

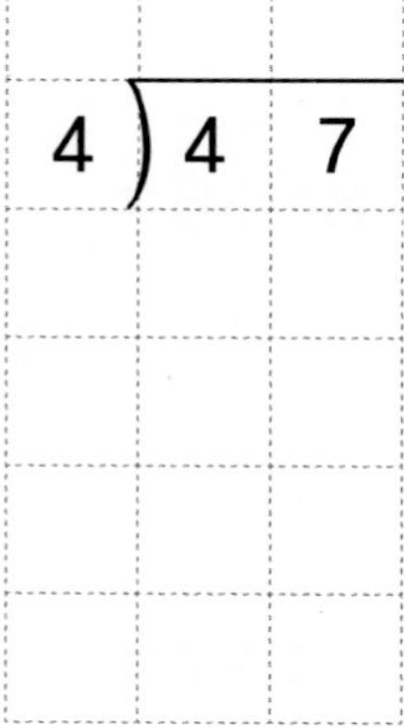

7

5) 5 9

8

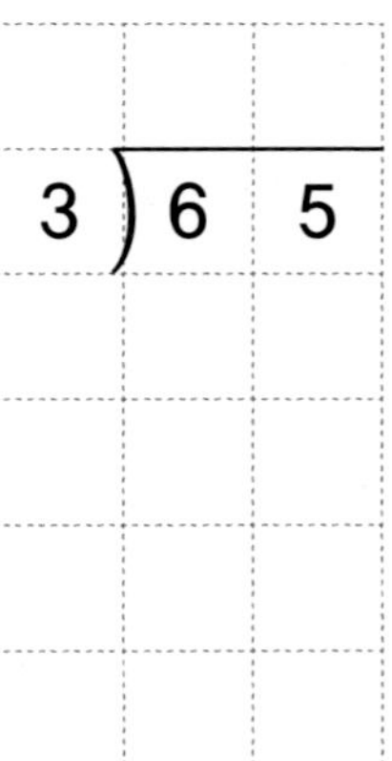

3) 6 5

9

6) 6 8

10

2) 6 9

11

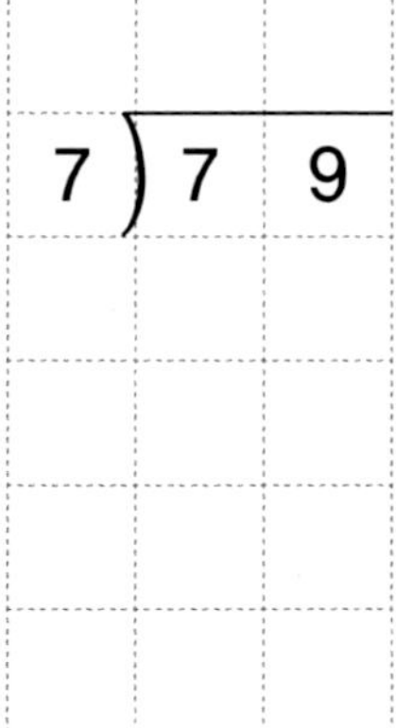

7) 7 9

12

4) 8 6

13

2) 8 9

14

3) 9 5

15

$2\overline{)25}$

16

$2\overline{)27}$

17

$3\overline{)34}$

18

$3\overline{)38}$

19

$2\overline{)45}$

20

$4\overline{)46}$

21

$2\overline{)47}$

22

$2\overline{)49}$

23

$4\overline{)49}$

24

$5\overline{)56}$

25

$5\overline{)57}$

26

$5\overline{)58}$

정답 8쪽

27 $63 \div 2 =$

28 $64 \div 3 =$

29 $65 \div 2 =$

30 $67 \div 2 =$

31 $67 \div 3 =$

32 $67 \div 6 =$

33 $68 \div 3 =$

34 $78 \div 7 =$

35 $83 \div 2 =$

36 $85 \div 2 =$

37 $85 \div 4 =$

38 $87 \div 2 =$

39 $89 \div 8 =$

40 $94 \div 3 =$

41 $97 \div 9 =$

42 $98 \div 3 =$

DAY 09

(몇십몇)÷(몇)

: 내림이 있고 나머지가 있는 경우

이렇게 계산해요

35÷2의 계산

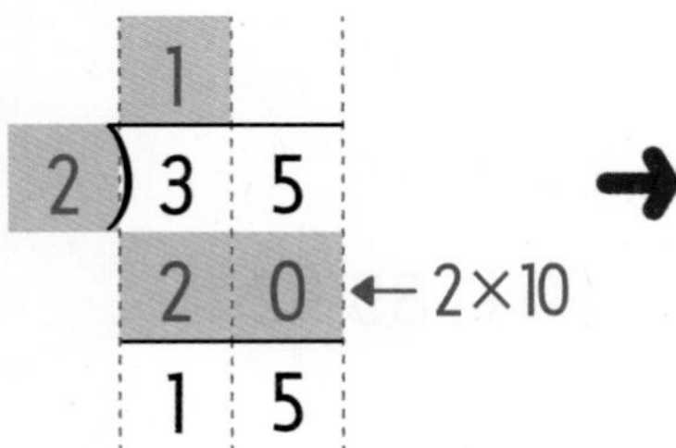

➜

1 7
2) 3 5
2 0
1 5
1 4 ← 2×7
1

● 계산해 보세요.

1

2) 3 3

3

3) 4 3

5

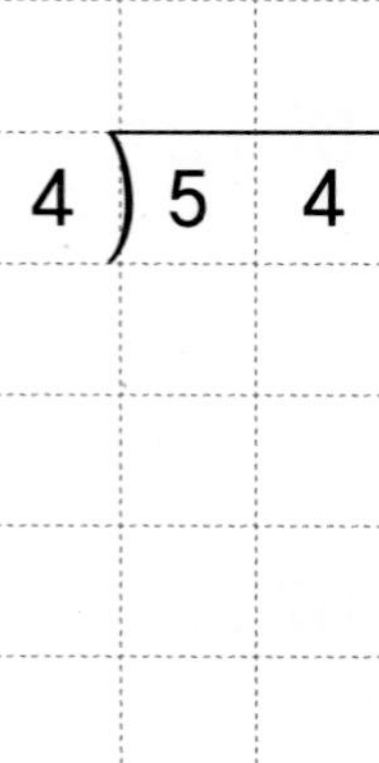

2

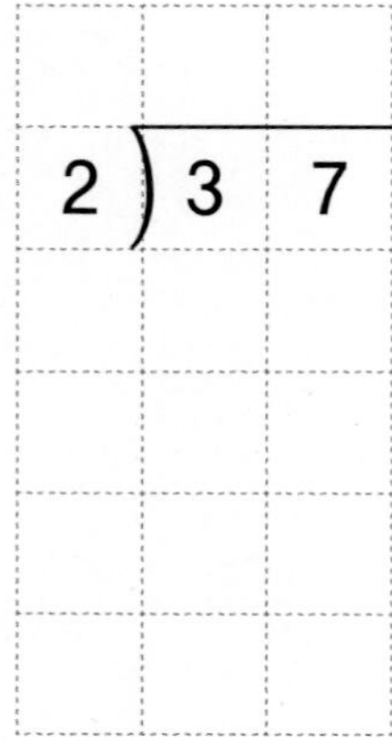

4

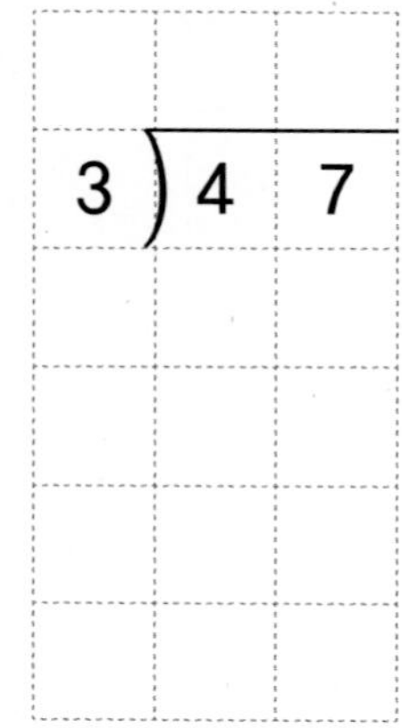

6

7

$5\overline{)63}$

8

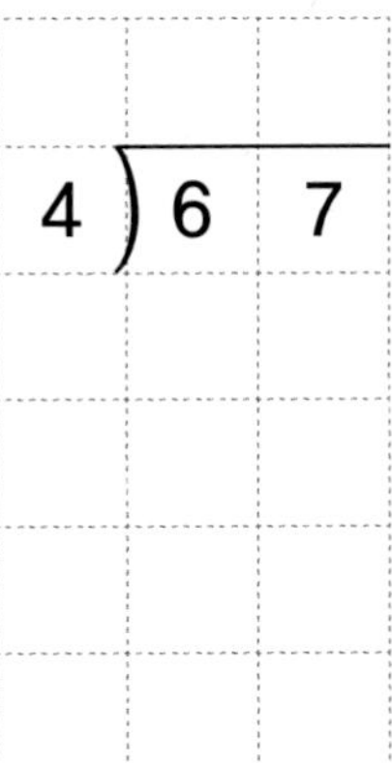

$4\overline{)67}$

9

$5\overline{)73}$

10

$6\overline{)79}$

11

$3\overline{)82}$

12

$7\overline{)86}$

13

$6\overline{)91}$

14

$2\overline{)95}$

15

$2\overline{)31}$

16

$2\overline{)39}$

17

$3\overline{)41}$

18

$3\overline{)44}$

19

$3\overline{)46}$

20

$3\overline{)49}$

21

$4\overline{)51}$

22

$4\overline{)53}$

23

$3\overline{)56}$

24

$2\overline{)57}$

25

$3\overline{)59}$

26

$4\overline{)59}$

27 $62 \div 5 =$

28 $63 \div 4 =$

29 $64 \div 5 =$

30 $65 \div 4 =$

31 $68 \div 5 =$

32 $71 \div 3 =$

33 $73 \div 6 =$

34 $74 \div 4 =$

35 $75 \div 4 =$

36 $77 \div 6 =$

37 $82 \div 7 =$

38 $86 \div 5 =$

39 $89 \div 6 =$

40 $91 \div 4 =$

41 $92 \div 5 =$

42 $98 \div 8 =$

DAY 10

(세 자리 수)÷(한 자리 수)

: 나누어떨어지는 경우

이렇게 계산해요

- 240÷2의 계산

		1	2	0	
2	)	2	4	0	
		2	0	0	← 2×100
			4	0	
			4	0	← 2×20
				0	

→ 나머지가 0일 때, 나누어떨어진다고 해요.

- 252÷3의 계산

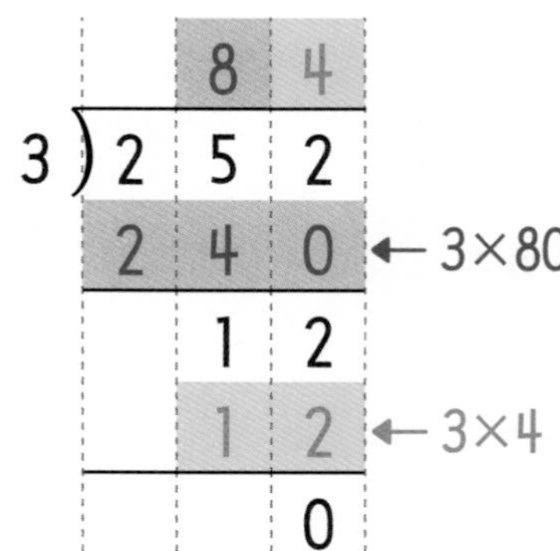

● 계산해 보세요.

1

2) 2 6 0

2

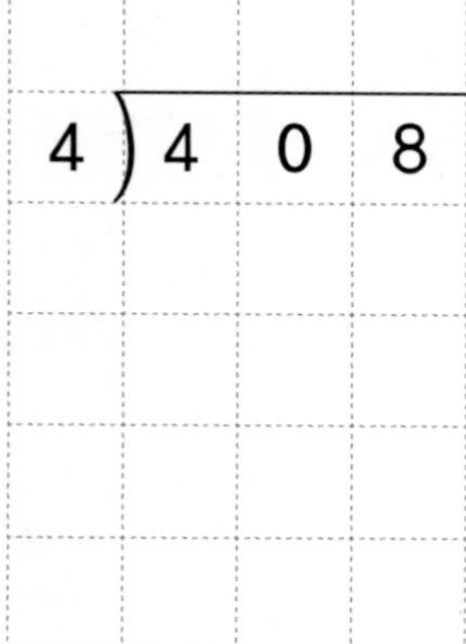

3

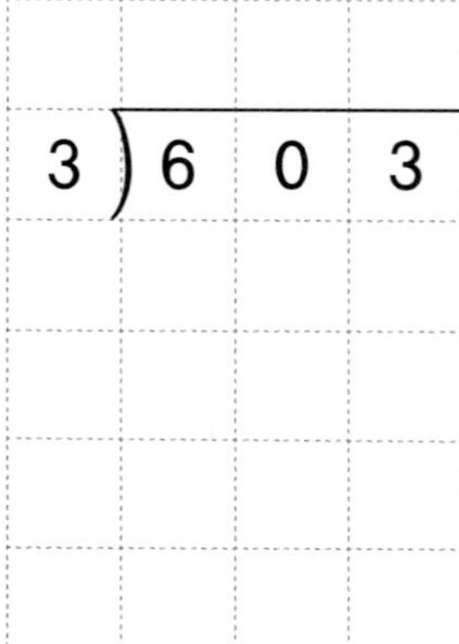

4

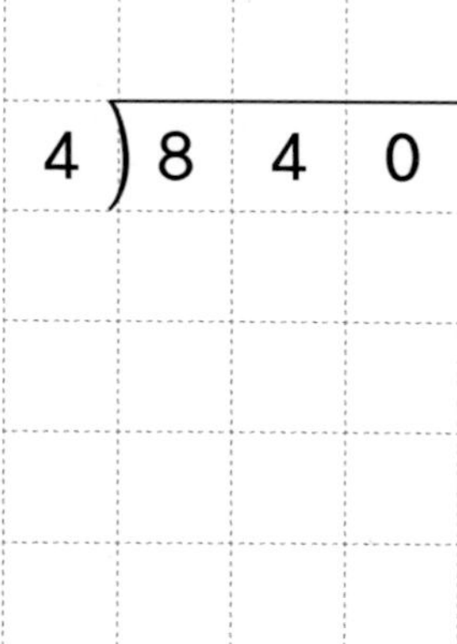

5

2) 1 3 4

6

3) 2 4 6

7

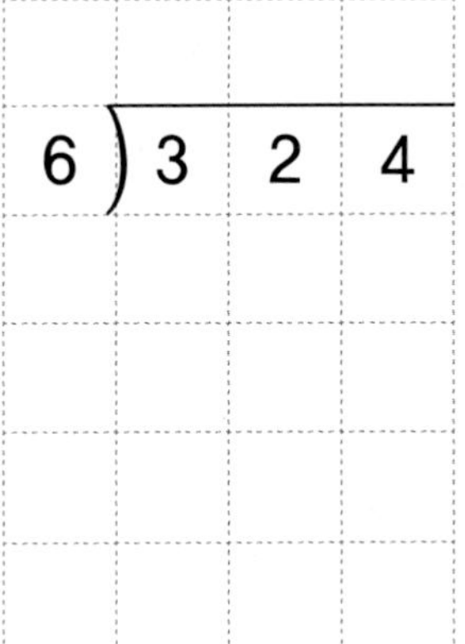

8

7) 4 2 7

9

7) 5 3 2

10

8) 6 1 6

11

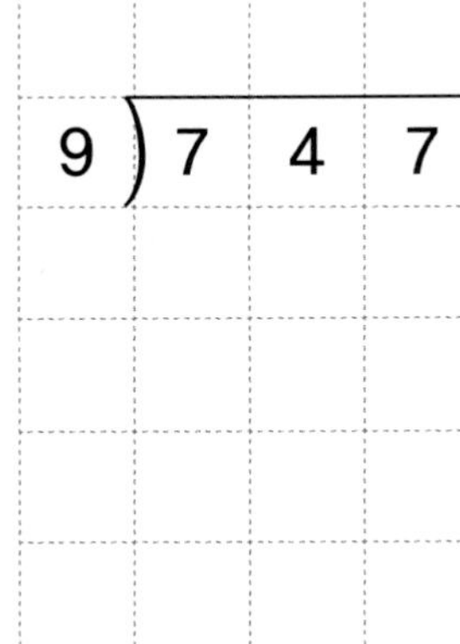

12

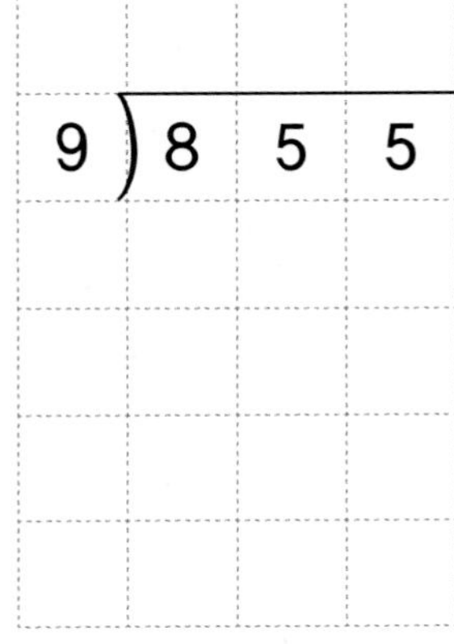

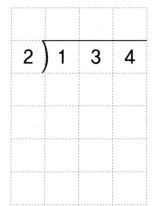

13

$$2\overline{)284}$$

14

$$3\overline{)369}$$

15

$$3\overline{)390}$$

16

$$2\overline{)454}$$

17

$$4\overline{)476}$$

18

$$4\overline{)552}$$

19

$$5\overline{)155}$$

20

$$4\overline{)188}$$

21

$$3\overline{)234}$$

22

$$4\overline{)260}$$

23

$$4\overline{)328}$$

24

$$5\overline{)380}$$

정답 10쪽

2

25 $624 \div 2 =$

26 $652 \div 4 =$

27 $660 \div 5 =$

28 $777 \div 7 =$

29 $822 \div 3 =$

30 $882 \div 6 =$

31 $912 \div 3 =$

32 $984 \div 8 =$

33 $456 \div 6 =$

34 $475 \div 5 =$

35 $522 \div 6 =$

36 $567 \div 7 =$

37 $637 \div 7 =$

38 $672 \div 8 =$

39 $768 \div 8 =$

40 $819 \div 9 =$

DAY 11 (세 자리 수)÷(한 자리 수)

: 나머지가 있는 경우

이렇게 계산해요

• 261÷2의 계산

	1	3	0	
2)	2	6	1	
	2	0	0	← 2×100
		6	1	
		6	0	← 2×30
			1	

• 263÷3의 계산

		8	7	
3)	2	6	3	
	2	4	0	← 3×80
		2	3	
		2	1	← 3×7
			2	

● 계산해 보세요.

1

3) 3 0 7

2

5) 5 5 2

3

3) 6 3 2

4

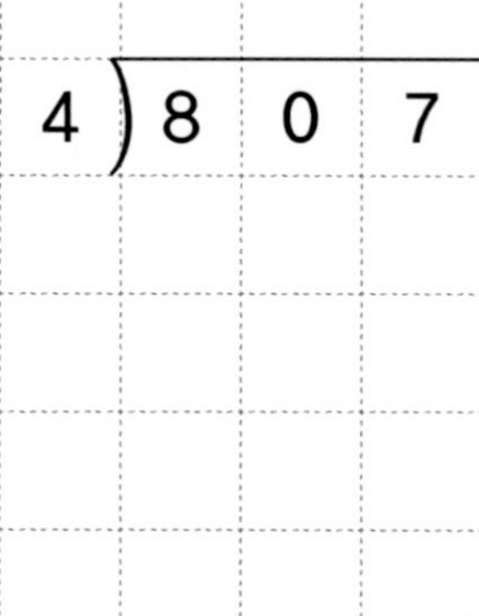

5

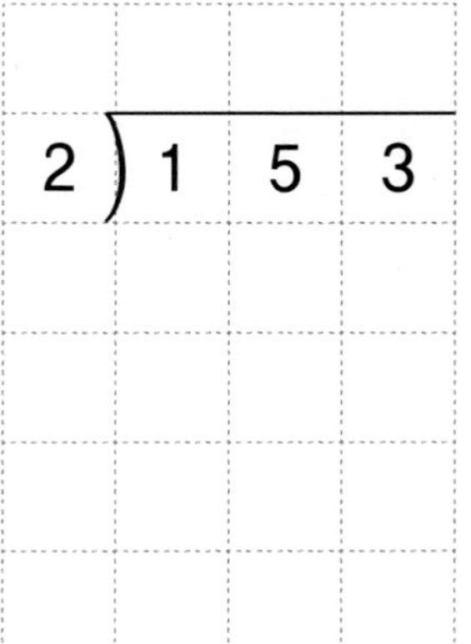
2)153

6

4)235

7

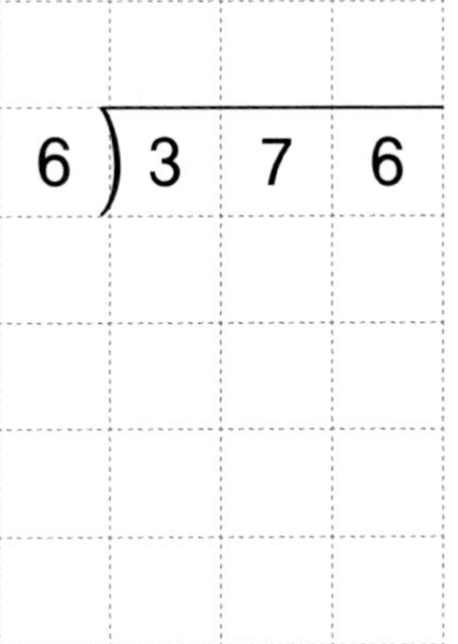
6)376

8

5)458

9

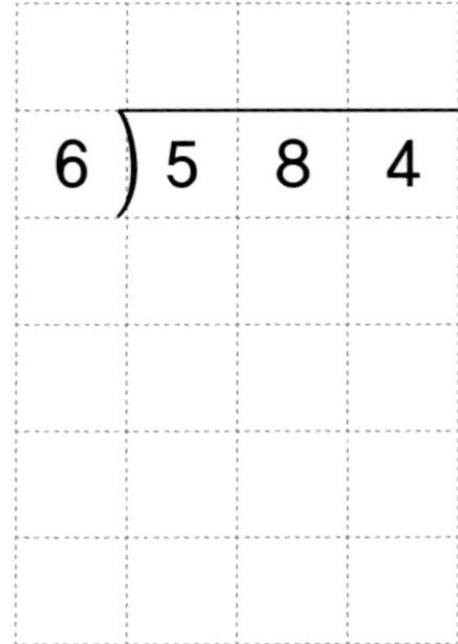
6)584

10

8)649

11

9)762

12

9)875

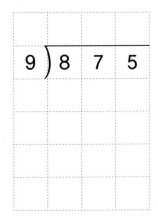

13

$2\overline{)271}$

14

$3\overline{)338}$

15

$2\overline{)383}$

16

$4\overline{)434}$

17

$4\overline{)471}$

18

$2\overline{)543}$

19

$3\overline{)113}$

20

$5\overline{)174}$

21

$3\overline{)238}$

22

$5\overline{)287}$

23

$4\overline{)325}$

24

$7\overline{)367}$

정답 11쪽

25 $614 \div 5 =$

26 $677 \div 4 =$

27 $729 \div 6 =$

28 $761 \div 7 =$

29 $833 \div 3 =$

30 $851 \div 4 =$

31 $918 \div 5 =$

32 $967 \div 9 =$

33 $445 \div 8 =$

34 $492 \div 5 =$

35 $512 \div 6 =$

36 $537 \div 8 =$

37 $628 \div 7 =$

38 $667 \div 8 =$

39 $727 \div 8 =$

40 $852 \div 9 =$

DAY 12

계산이 맞는지 확인하기

: 나누어지는 수가 두 자리 수인 경우

이렇게 계산해요

22÷3의 계산이 맞는지 확인하기

나누어지는 수		나누는 수		몫		나머지
22	÷	3	=	7	⋯	1

확인 3×7=21, 21+1=22

나누는 수와 몫의 곱에 나머지를 더하면 나누어지는 수가 돼요.

● 나눗셈식이 맞는지 확인하려고 합니다. □ 안에 알맞은 수를 써넣으세요.

1 26 ÷ 6 = 4 ⋯ 2

확인 6×4=24, 24+□=□

2 38 ÷ 7 = 5 ⋯ 3

확인 7×5=35, 35+□=□

3 59 ÷ 9 = 6 ⋯ 5

확인 9×□=54, 54+□=59

4 66 ÷ 8 = 8 ⋯ 2

확인 8×□=64, 64+□=66

● 나눗셈식을 완성하고, 맞는지 확인하려고 합니다. □ 안에 알맞은 수를 써넣으세요.

5 $17 \div 3 = 5 \cdots \square$

확인 $3 \times 5 = \square$,

$\square + 2 = \square$

6 $22 \div 7 = \square \cdots 1$

확인 $7 \times 3 = \square$,

$\square + 1 = \square$

7 $38 \div 4 = 9 \cdots \square$

확인 $4 \times \square = 36$,

$36 + \square = \square$

8 $45 \div 6 = \square \cdots 3$

확인 $6 \times \square = 42$,

$42 + \square = \square$

9 $49 \div 9 = 5 \cdots \square$

확인 $9 \times \square = \square$,

$\square + \square = \square$

10 $54 \div 5 = \square \cdots 4$

확인 $5 \times \square = \square$,

$\square + \square = \square$

11 $59 \div 3 = 19 \cdots \square$

확인 $3 \times 19 = \square$,

$\square + 2 = \square$

12 $62 \div 8 = \square \cdots 6$

확인 $8 \times 7 = \square$,

$\square + 6 = \square$

13 $76 \div 9 = 8 \cdots \square$

확인 $9 \times \square = 72$,

$72 + \square = \square$

14 $79 \div 6 = \square \cdots 1$

확인 $6 \times \square = 78$,

$78 + \square = \square$

15 $83 \div 7 = 11 \cdots \square$

확인 $7 \times \square = \square$,

$\square + \square = \square$

16 $99 \div 4 = \square \cdots 3$

확인 $4 \times \square = \square$,

$\square + \square = \square$

● 계산해 보고, 계산 결과가 맞는지 확인해 보세요.

17

$2\overline{)13}$

확인 □ × □ = □, □ + □ = □

18

$5\overline{)17}$

확인 □ × □ = □, □ + □ = □

19

$7\overline{)24}$

확인 □ × □ = □, □ + □ = □

20

$4\overline{)29}$

확인 □ × □ = □, □ + □ = □

21

$6\overline{)31}$

확인 □ × □ = □, □ + □ = □

22

$3\overline{)35}$

확인 □ × □ = □, □ + □ = □

정답 12쪽

2

23 $42 \div 4 =$

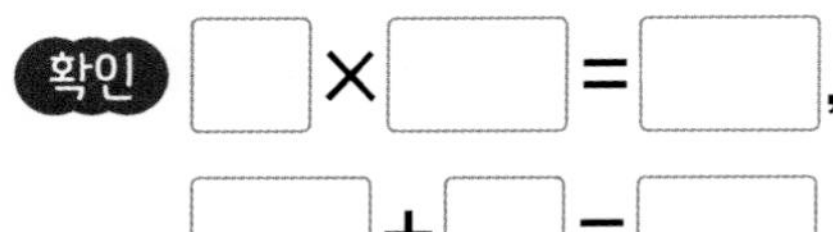

24 $48 \div 7 =$

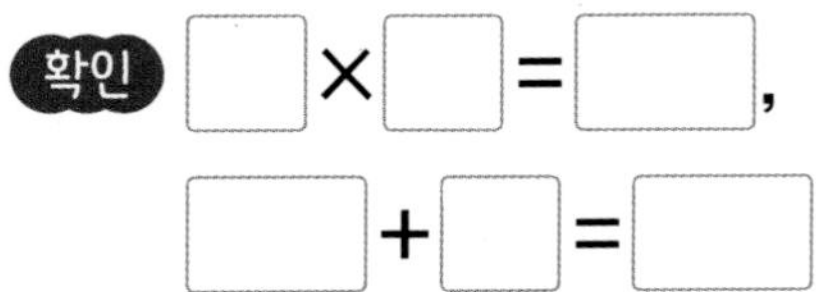

25 $53 \div 3 =$

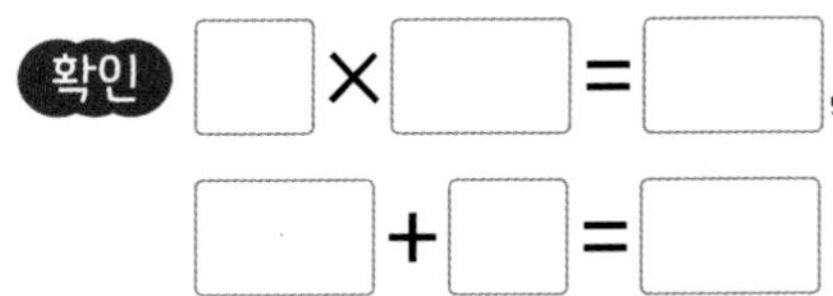

26 $57 \div 8 =$

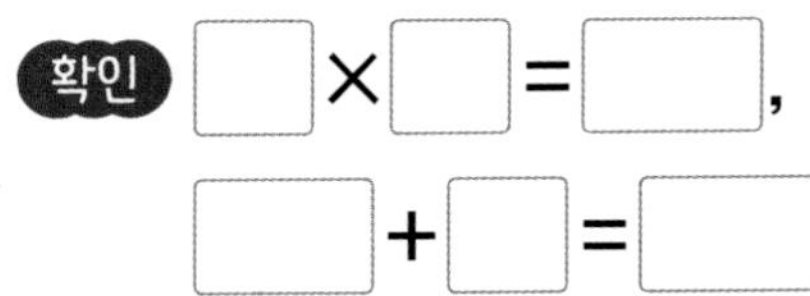

27 $64 \div 6 =$

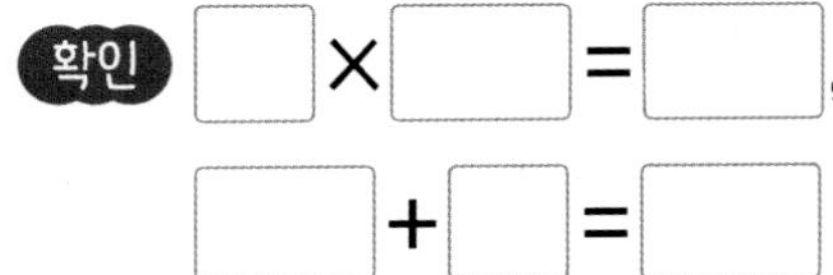

28 $65 \div 7 =$

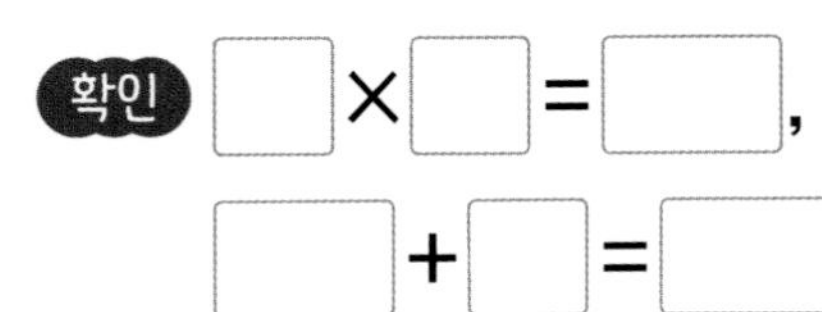

29 $71 \div 9 =$

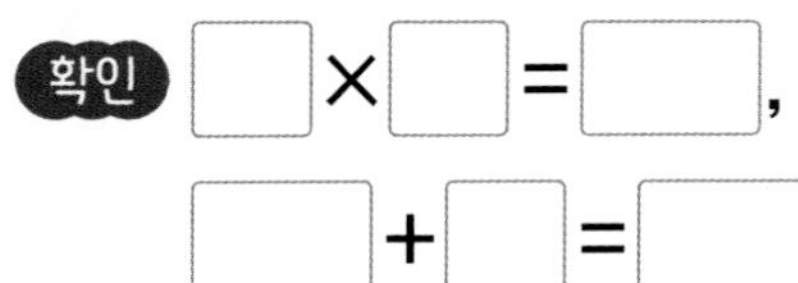

30 $79 \div 5 =$

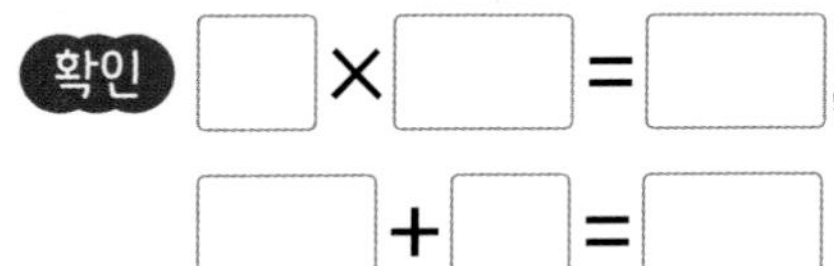

31 $82 \div 6 =$

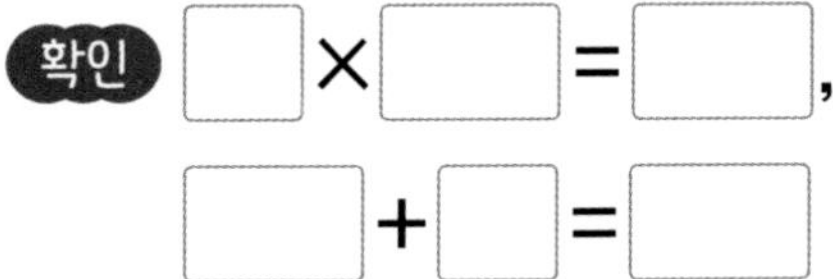

32 $88 \div 9 =$

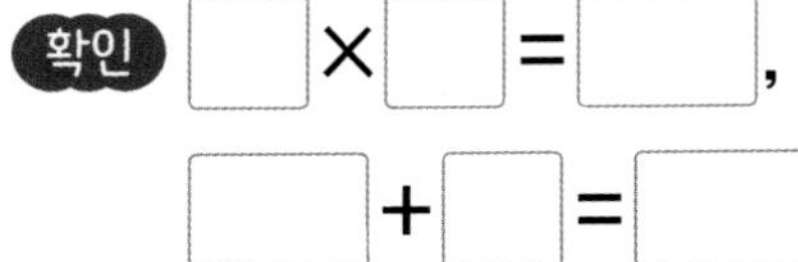

33 $93 \div 4 =$

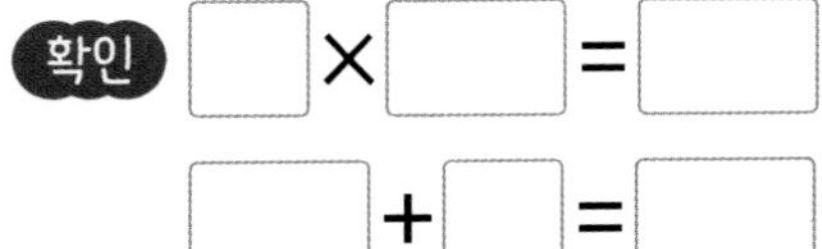

34 $95 \div 3 =$

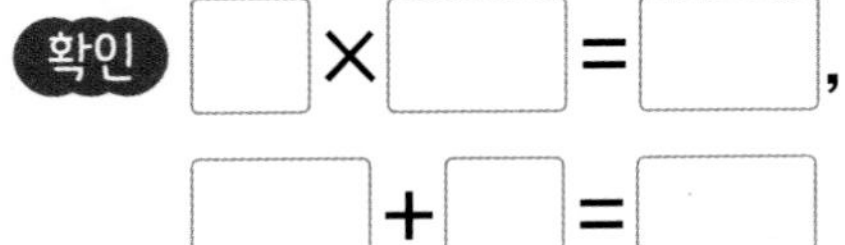

DAY 13

계산이 맞는지 확인하기

: 나누어지는 수가 세 자리 수인 경우

이렇게 계산해요

143÷4의 계산이 맞는지 확인하기

나누어지는 수		나누는 수		몫		나머지
143	÷	4	=	35	…	3

확인 $4 \times 35 = 140$, $140 + 3 = 143$

나누는 수와 몫의 곱에 나머지를 더하면
나누어지는 수가 돼요.

● 나눗셈식이 맞는지 확인하려고 합니다. □ 안에 알맞은 수를 써넣으세요.

1 239 ÷ 3 = 79 … 2

확인 $3 \times 79 = 237$, $237 + \square = \square$

2 434 ÷ 5 = 86 … 4

확인 $5 \times 86 = 430$, $430 + \square = \square$

3 597 ÷ 4 = 149 … 1

확인 $4 \times \square = 596$, $596 + \square = 597$

4 711 ÷ 6 = 118 … 3

확인 $6 \times \square = 708$, $708 + \square = 711$

2

● 나눗셈식을 완성하고, 맞는지 확인하려고 합니다. □ 안에 알맞은 수를 써넣으세요.

5 $113 \div 2 = 56 \cdots \square$

확인 $2 \times 56 = \square$, $\square + 1 = \square$

6 $265 \div 7 = \square \cdots 6$

확인 $7 \times 37 = \square$, $\square + 6 = \square$

7 $334 \div 5 = 66 \cdots \square$

확인 $5 \times \square = 330$, $330 + \square = \square$

8 $378 \div 4 = \square \cdots 2$

확인 $4 \times \square = 376$, $376 + \square = \square$

9 $455 \div 3 = 151 \cdots \square$

확인 $3 \times \square = \square$, $\square + \square = \square$

10 $517 \div 5 = \square \cdots 2$

확인 $5 \times \square = \square$, $\square + \square = \square$

11 $589 \div 7 = 84 \cdots \square$

확인 $7 \times 84 = \square$, $\square + 1 = \square$

12 $662 \div 8 = \square \cdots 6$

확인 $8 \times 82 = \square$, $\square + 6 = \square$

13 $673 \div 6 = 112 \cdots \square$

확인 $6 \times \square = 672$, $672 + \square = \square$

14 $747 \div 2 = \square \cdots 1$

확인 $2 \times \square = 746$, $746 + \square = \square$

15 $828 \div 5 = 165 \cdots \square$

확인 $5 \times \square = \square$, $\square + \square = \square$

16 $935 \div 7 = \square \cdots 4$

확인 $7 \times \square = \square$, $\square + \square = \square$

● 계산해 보고, 계산 결과가 맞는지 확인해 보세요.

17

$4\overline{)135}$

확인 □ × □ = □, □ + □ = □

18

$3\overline{)187}$

확인 □ × □ = □, □ + □ = □

19

$7\overline{)222}$

확인 □ × □ = □, □ + □ = □

20

$6\overline{)259}$

확인 □ × □ = □, □ + □ = □

21

$3\overline{)346}$

확인 □ × □ = □, □ + □ = □

22

$4\overline{)371}$

확인 □ × □ = □, □ + □ = □

정답 13쪽

23 433÷2=

확인 □ × □ = □,
□ + □ = □

24 486÷8=

확인 □ × □ = □,
□ + □ = □

25 543÷5=

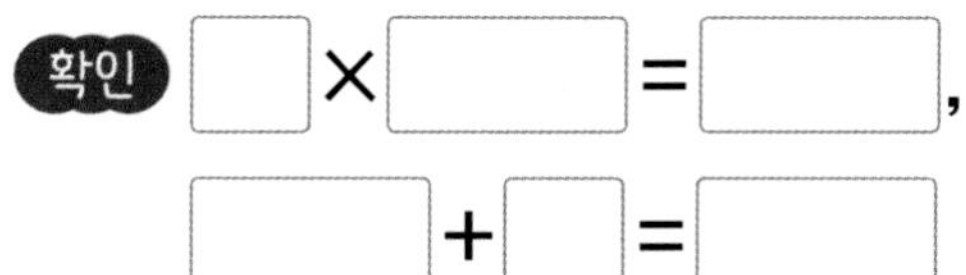

26 576÷7=

확인 □ × □ = □,
□ + □ = □

27 617÷3=

확인 □ × □ = □,
□ + □ = □

28 642÷5=

확인 □ × □ = □,
□ + □ = □

29 725÷4=

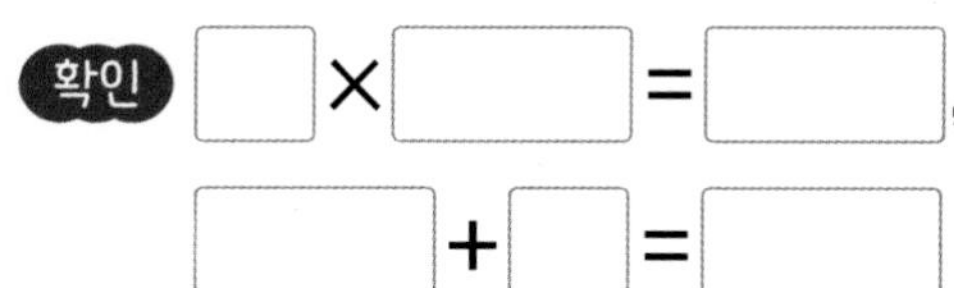

30 779÷6=

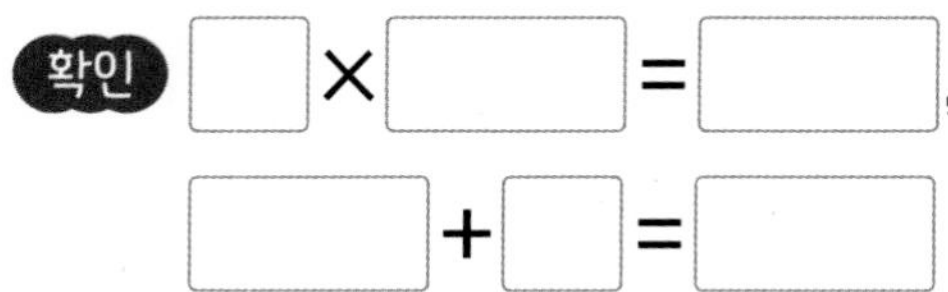

31 851÷4=

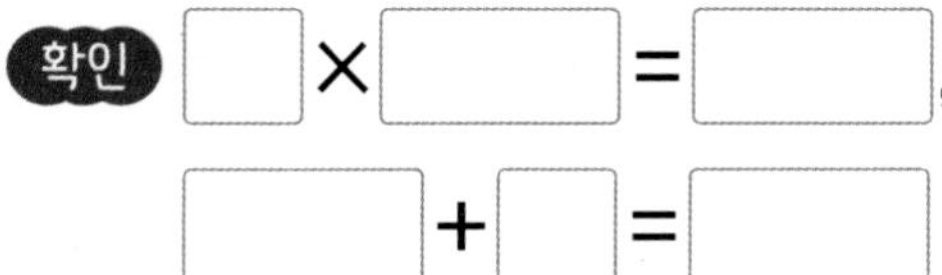

32 888÷7=

확인 □ × □ = □,
□ + □ = □

33 934÷9=

확인 □ × □ = □,
□ + □ = □

34 963÷8=

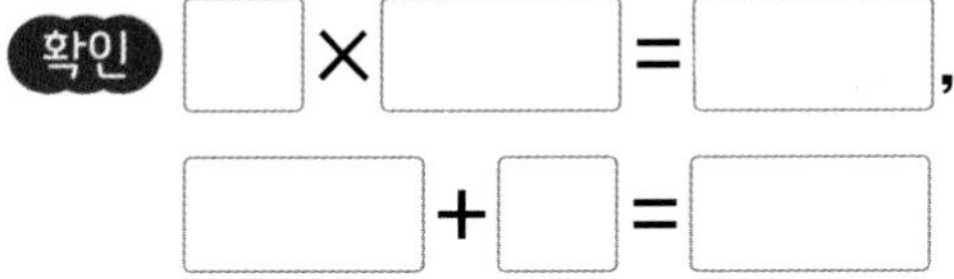

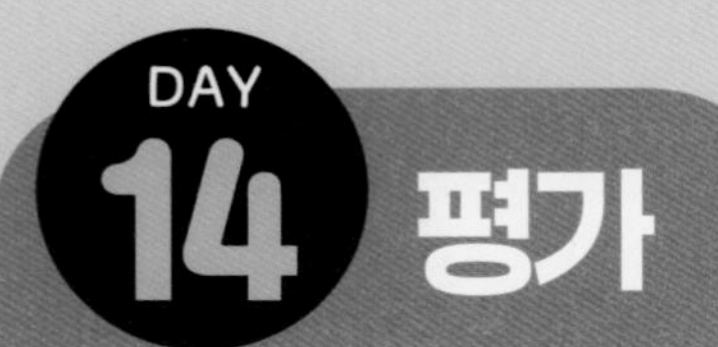

● 계산해 보세요.

1 $2\overline{)30}$

2 $2\overline{)41}$

3 $5\overline{)67}$

4 $2\overline{)68}$

5 $6\overline{)69}$

6 $3\overline{)72}$

7 $2\overline{)76}$

8 $4\overline{)80}$

9 $7\overline{)95}$

10 $3\overline{)96}$

11 $97 \div 3 =$

12 $98 \div 2 =$

13 $235 \div 3 =$

14 $464 \div 4 =$

15 $528 \div 6 =$

16 $659 \div 6 =$

17 $771 \div 9 =$

● 계산해 보고, 계산 결과가 맞는지 확인해 보세요.

18 $53 \div 7 =$

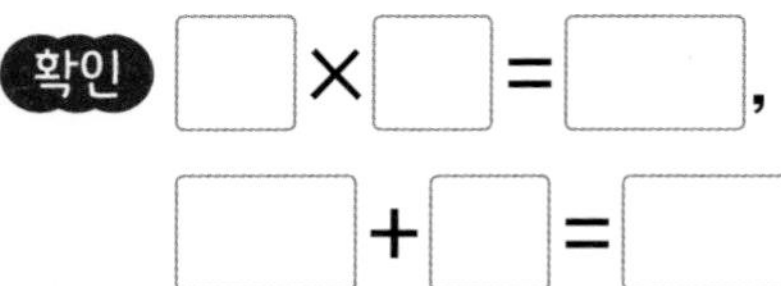

19 $77 \div 4 =$

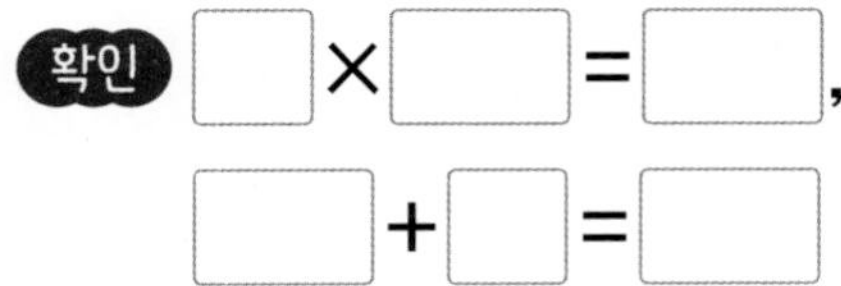

20 $89 \div 3 =$

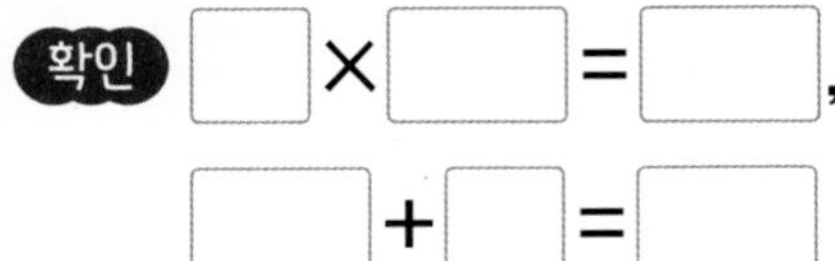

21 $358 \div 6 =$

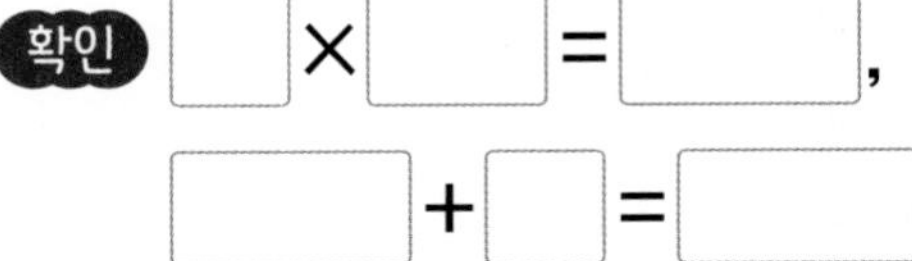

22 $815 \div 7 =$

확인 □ × □ = □, □ + □ = □

정답 14쪽

다른 그림 8곳을 찾아보세요.

나눗셈(3)

DAY 15

(세 자리 수)÷(몇십)

: 나누어떨어지는 경우

이렇게 계산해요

120÷30의 계산

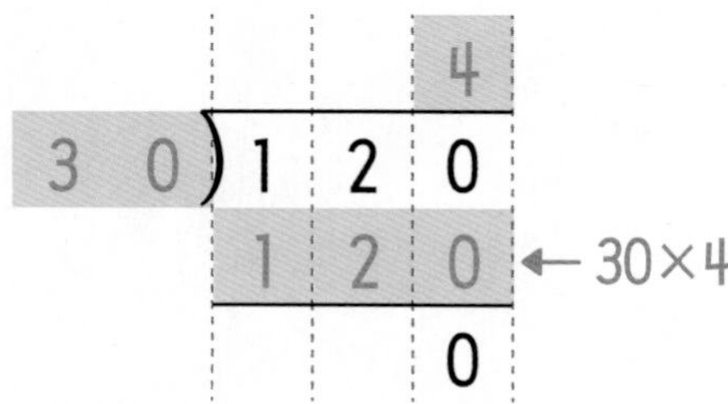

● 계산해 보세요.

1 60)120

2
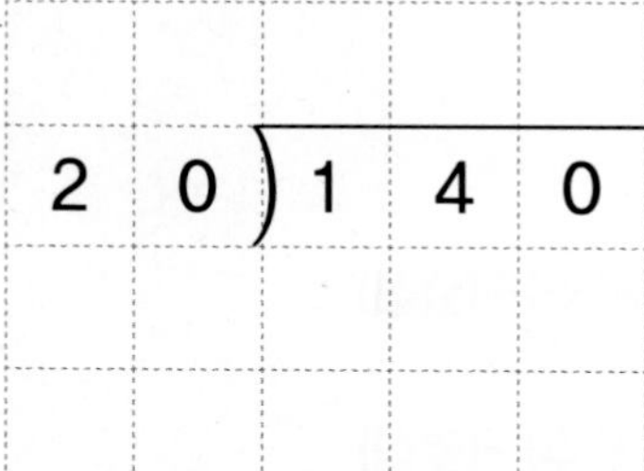

3 30)150

4
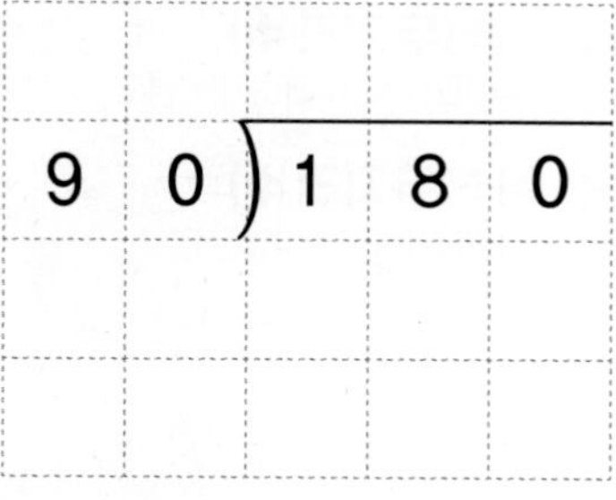

5 50)200

6 30)210

7 30)240

8 80)240

9 $30\overline{)270}$

10 $40\overline{)280}$

11 $60\overline{)300}$

12 $80\overline{)320}$

13 $50\overline{)350}$

14 $80\overline{)400}$

15 $70\overline{)420}$

16 $90\overline{)450}$

17 $80\overline{)480}$

18 $60\overline{)540}$

19 $70\overline{)630}$

20 $90\overline{)720}$

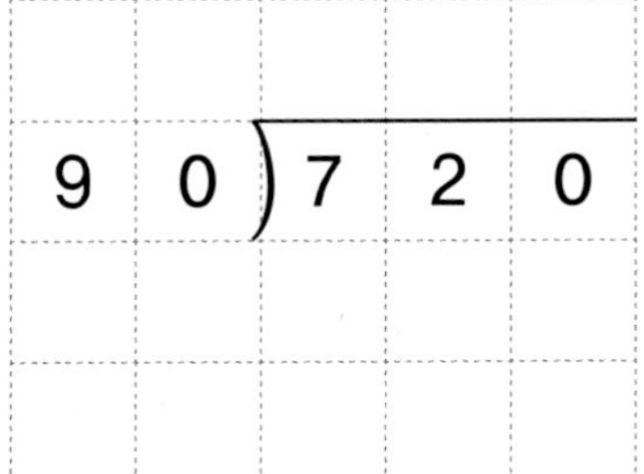

21

$20\overline{)100}$

22

$50\overline{)150}$

23

$40\overline{)160}$

24

$80\overline{)160}$

25

$20\overline{)180}$

26

$30\overline{)180}$

27

$40\overline{)200}$

28

$70\overline{)210}$

29

$60\overline{)240}$

30

$50\overline{)250}$

31

$90\overline{)270}$

32

$70\overline{)280}$

정답 15쪽

33 $300 \div 50 =$

34 $320 \div 40 =$

35 $350 \div 70 =$

36 $360 \div 60 =$

37 $360 \div 90 =$

38 $400 \div 50 =$

39 $420 \div 60 =$

40 $450 \div 50 =$

41 $480 \div 60 =$

42 $490 \div 70 =$

43 $540 \div 90 =$

44 $560 \div 80 =$

45 $630 \div 90 =$

46 $640 \div 80 =$

47 $720 \div 80 =$

48 $810 \div 90 =$

3

DAY 16 (세 자리 수)÷(몇십)

: 나머지가 있는 경우

이렇게
계산해요

163÷30의 계산

| 30×4=120 |
| 30×5=150 |
| 30×6=180 |

163에 30이 5번 들어가요.

```
        5
30)1 6 3
   1 5 0  ← 30×5
     1 3
```

● 계산해 보세요.

1

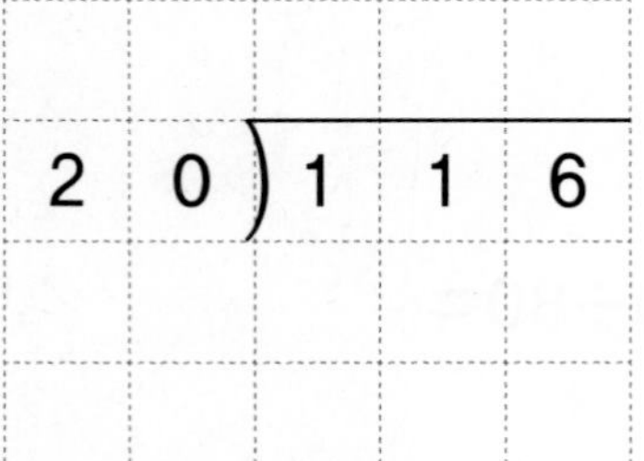

```
2 0)1 1 6
```

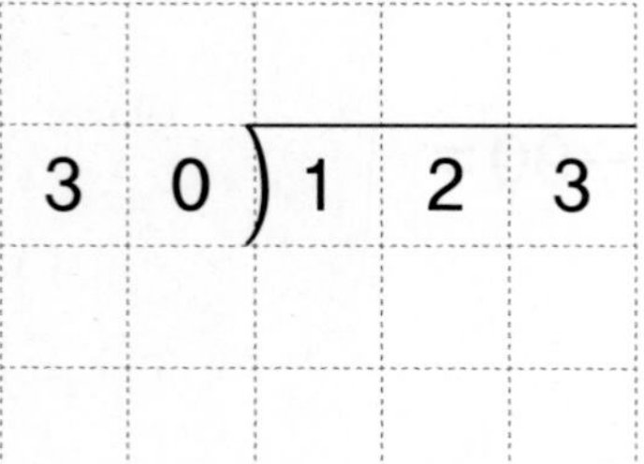

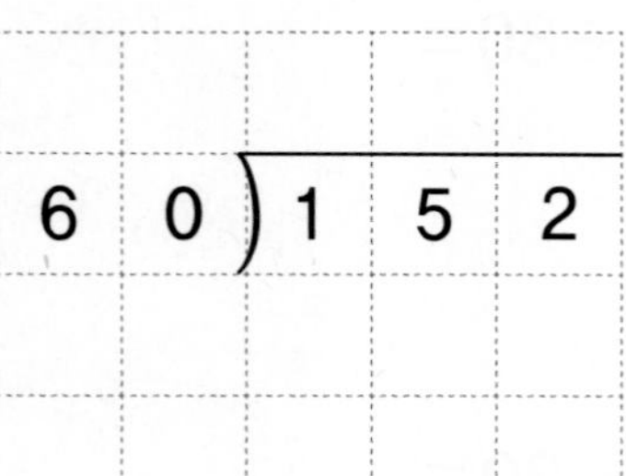

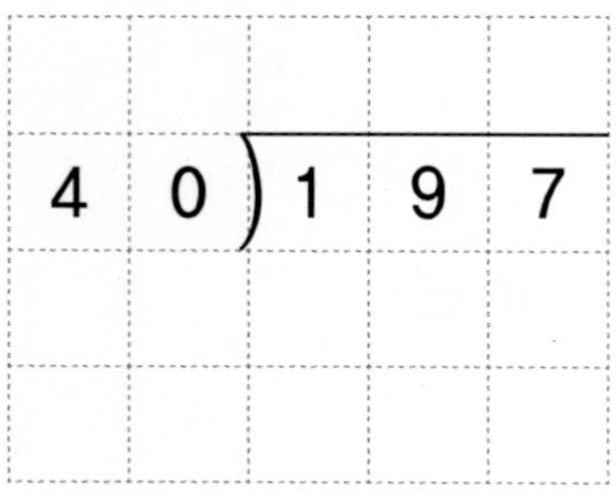

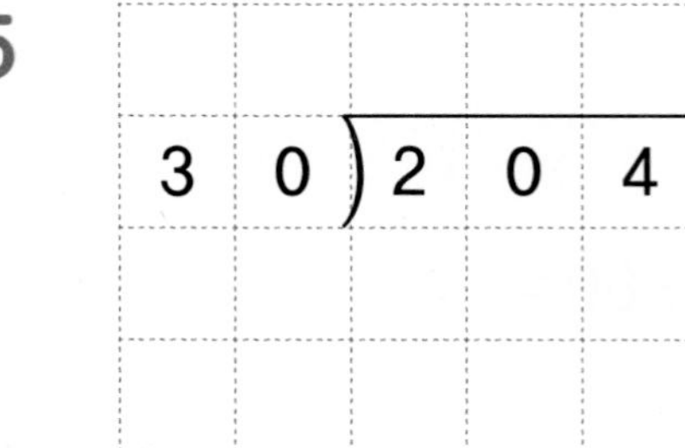

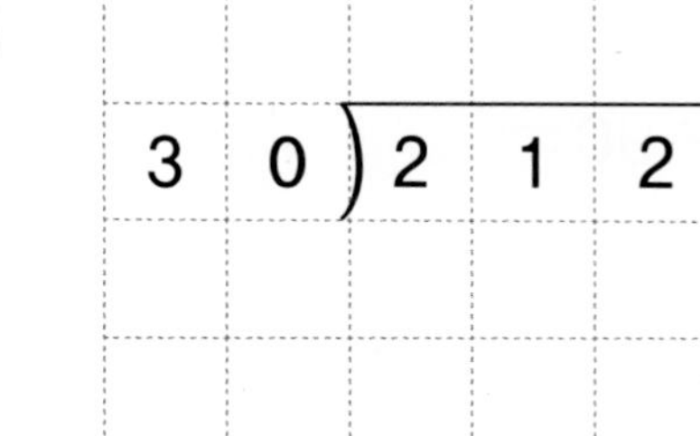

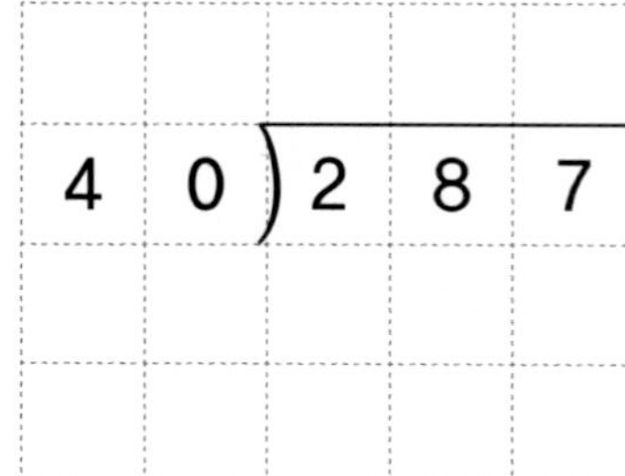

2
```
3 0)1 2 3
```

3
```
6 0)1 5 2
```

4
```
4 0)1 9 7
```

5
```
3 0)2 0 4
```

6
```
3 0)2 1 2
```

7
```
5 0)2 3 6
```

8
```
4 0)2 8 7
```

9 $70\overline{)308}$

10 $50\overline{)333}$

11 $60\overline{)364}$

12 $50\overline{)396}$

13 $80\overline{)404}$

14 $70\overline{)430}$

15 $90\overline{)462}$

16 $80\overline{)481}$

17 $60\overline{)535}$

18 $70\overline{)642}$

19 $90\overline{)762}$

20 $90\overline{)807}$

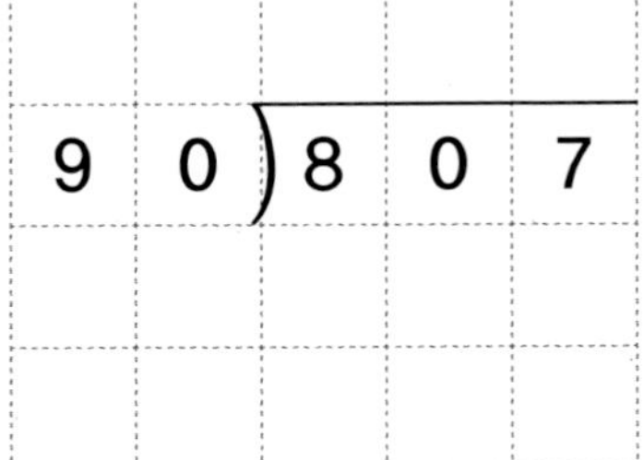

21

$$20\overline{)107}$$

22

$$30\overline{)111}$$

23

$$30\overline{)149}$$

24

$$70\overline{)165}$$

25

$$30\overline{)184}$$

26

$$40\overline{)191}$$

27

$$40\overline{)208}$$

28

$$50\overline{)226}$$

29

$$60\overline{)247}$$

30

$$50\overline{)265}$$

31

$$80\overline{)273}$$

32

$$70\overline{)291}$$

정답 16쪽

3

33 $311 \div 60 =$

34 $321 \div 40 =$

35 $348 \div 50 =$

36 $374 \div 60 =$

37 $386 \div 70 =$

38 $416 \div 60 =$

39 $422 \div 60 =$

40 $447 \div 70 =$

41 $476 \div 50 =$

42 $499 \div 70 =$

43 $525 \div 80 =$

44 $579 \div 60 =$

45 $624 \div 80 =$

46 $669 \div 90 =$

47 $745 \div 80 =$

48 $823 \div 90 =$

DAY 17

(두 자리 수)÷(두 자리 수)

: 나누어떨어지는 경우

이렇게 계산해요

48÷16의 계산

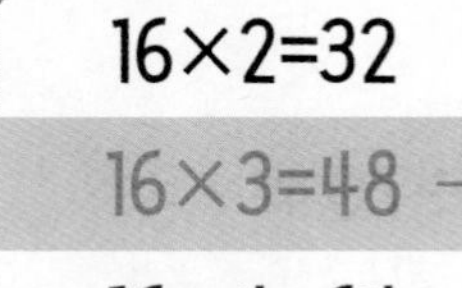

48에 16이 3번 들어가요.

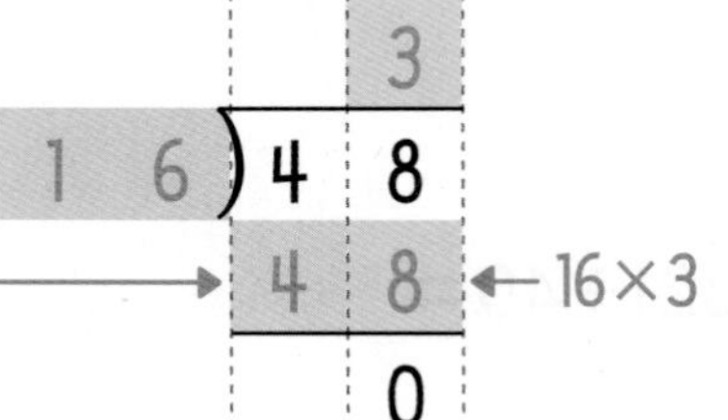

← 16×3

● 계산해 보세요.

1

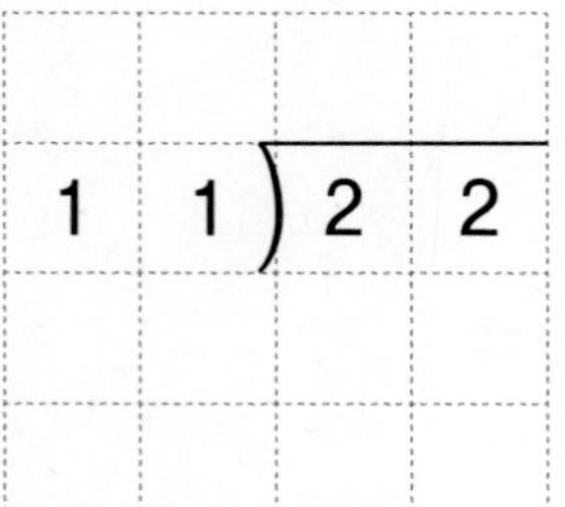

2

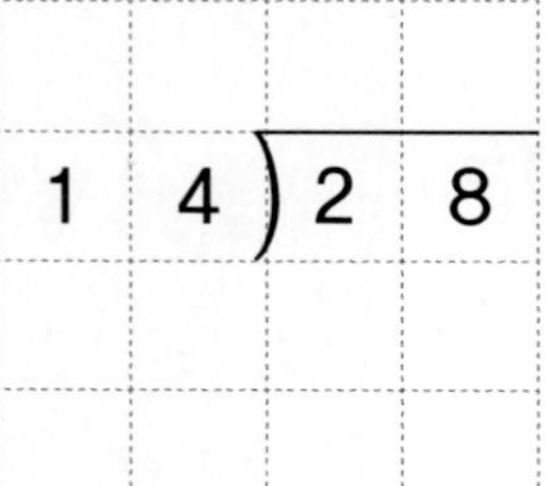

3

12)36

4

13)39

5

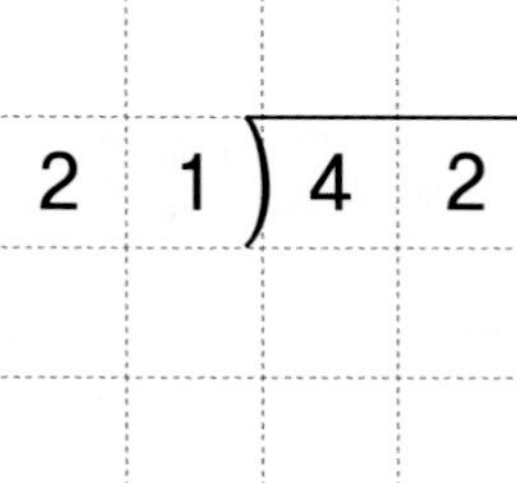

6

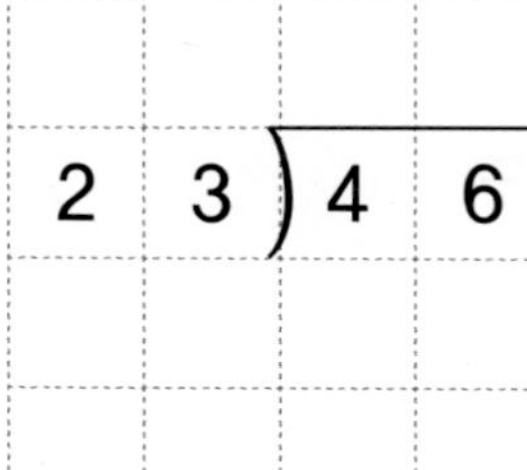

7

12)48

8

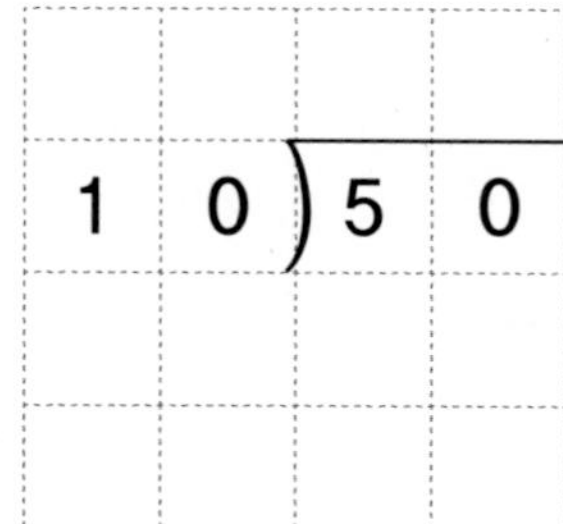

9

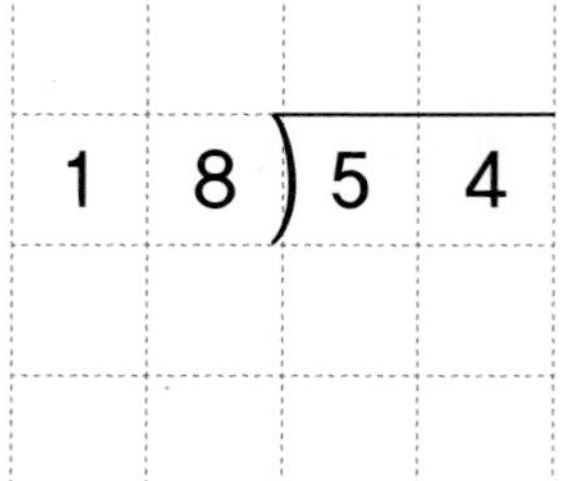

$18\overline{)54}$

10

$31\overline{)62}$

11

$13\overline{)65}$

12

$34\overline{)68}$

13

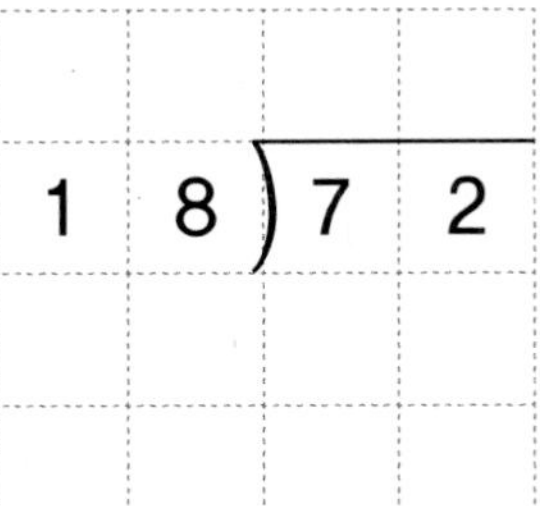

$18\overline{)72}$

14

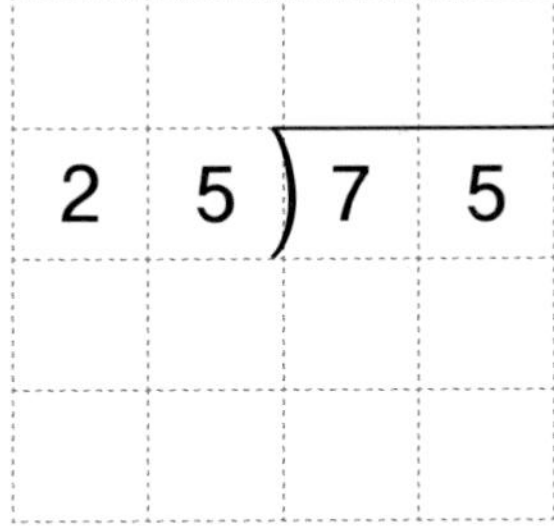

$25\overline{)75}$

15

$19\overline{)76}$

16

$27\overline{)81}$

17

$17\overline{)85}$

18

$44\overline{)88}$

19

$23\overline{)92}$

20

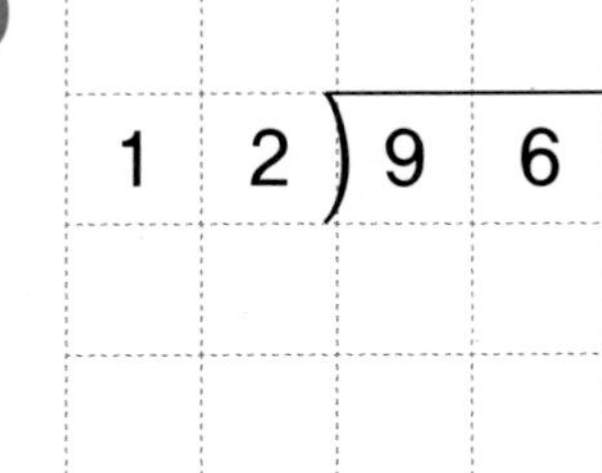

$12\overline{)96}$

21

$12\overline{)24}$

22

$15\overline{)30}$

23

$17\overline{)34}$

24

$18\overline{)36}$

25

$20\overline{)40}$

26

$11\overline{)44}$

27

$22\overline{)44}$

28

$15\overline{)45}$

29

$25\overline{)50}$

30

$13\overline{)52}$

31

$14\overline{)56}$

32

$29\overline{)58}$

정답 17쪽

33 $60 \div 15 =$

34 $64 \div 16 =$

35 $66 \div 22 =$

36 $70 \div 14 =$

37 $74 \div 37 =$

38 $75 \div 15 =$

39 $76 \div 38 =$

40 $78 \div 13 =$

41 $82 \div 41 =$

42 $84 \div 12 =$

43 $88 \div 22 =$

44 $90 \div 18 =$

45 $92 \div 46 =$

46 $95 \div 19 =$

47 $96 \div 16 =$

48 $99 \div 11 =$

DAY 18

(두 자리 수)÷(두 자리 수)

: 나머지가 있는 경우

이렇게 계산해요

53÷13의 계산

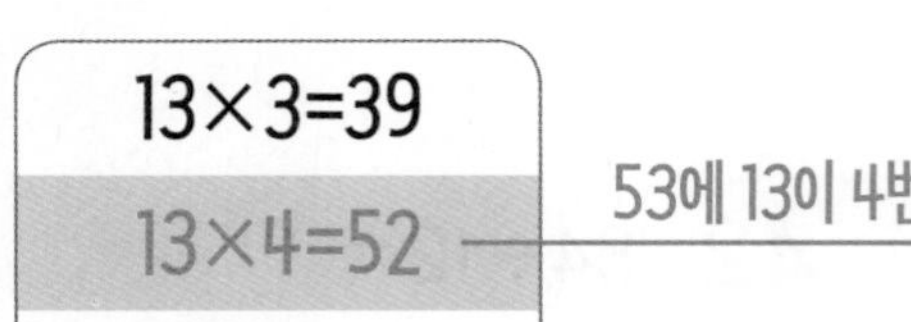

53에 13이 4번 들어가요.

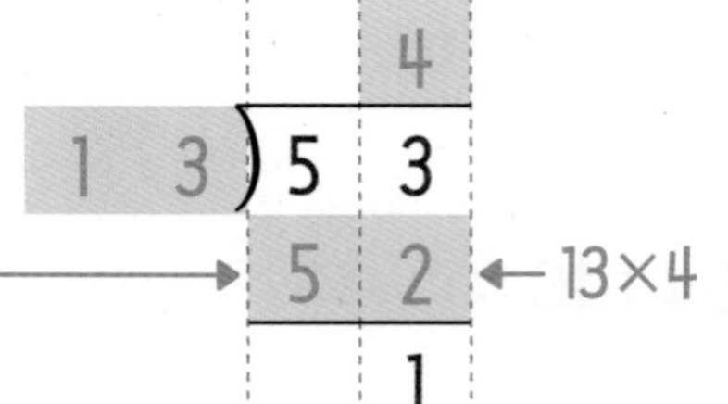

● 계산해 보세요.

1

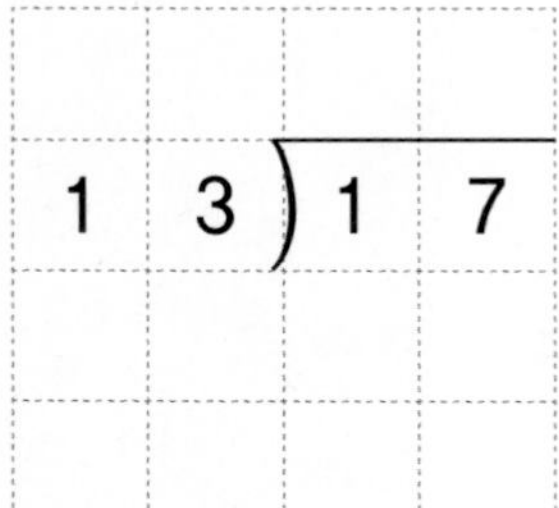

2

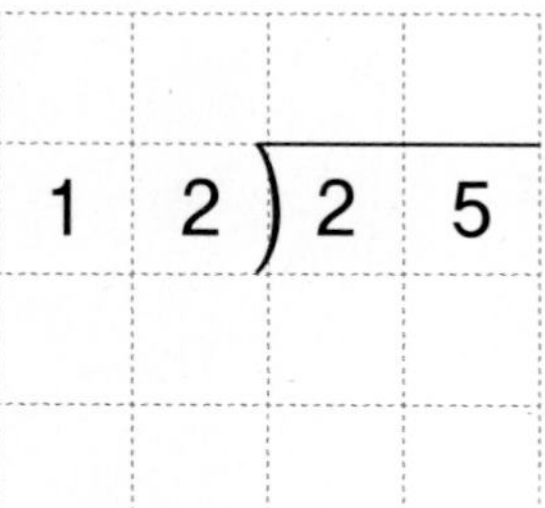

3

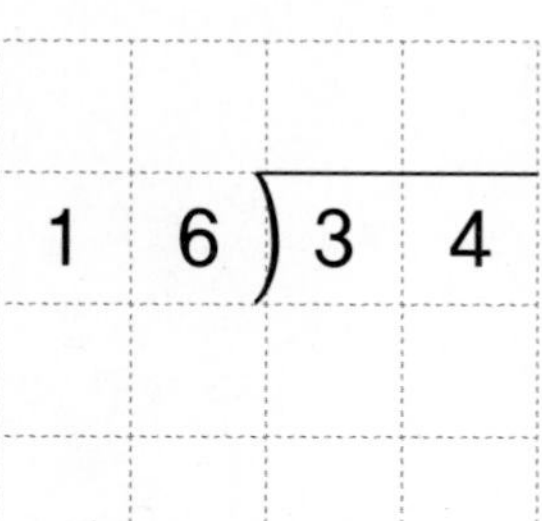

4

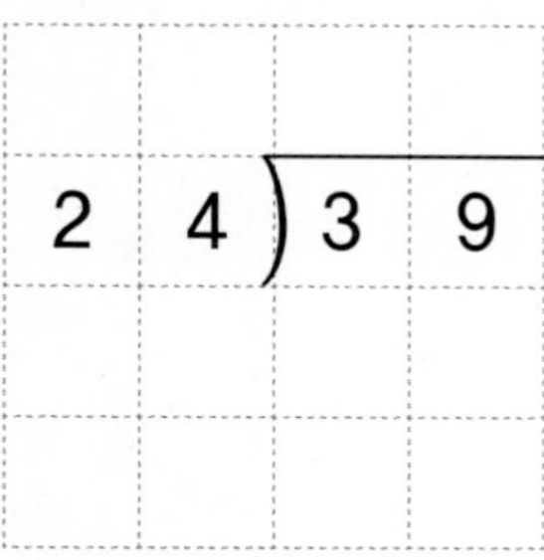

5

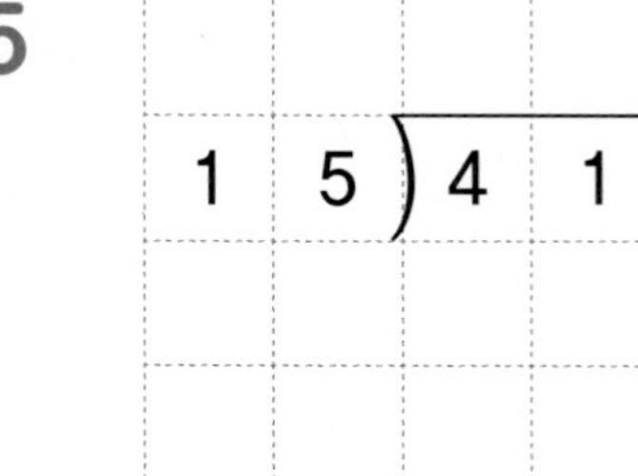

6

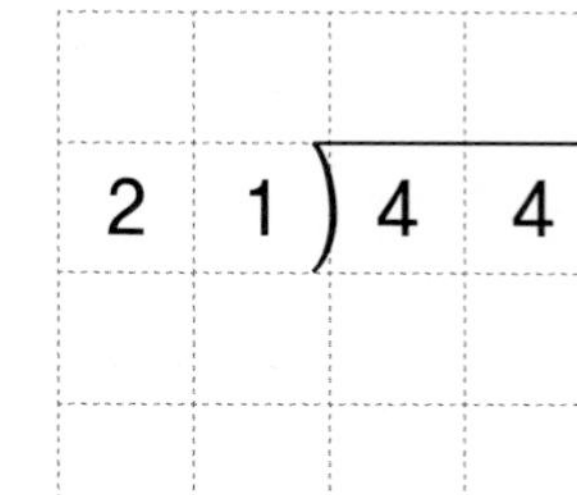

7

12)46

8

13)51

9 $12\overline{)56}$

10 $25\overline{)61}$

11 $22\overline{)64}$

12 $17\overline{)67}$

13 $19\overline{)71}$

14 $31\overline{)73}$

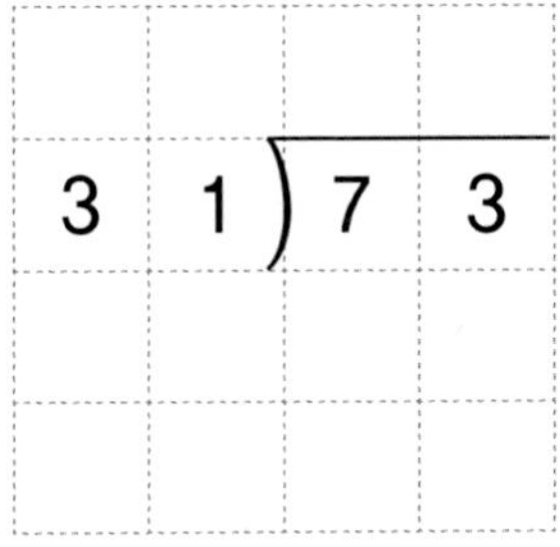

15 $24\overline{)78}$

16 $18\overline{)80}$

17 $33\overline{)83}$

18 $41\overline{)86}$

19 $16\overline{)93}$

20 $25\overline{)99}$

21

$12\overline{)27}$

22

$21\overline{)30}$

23

$16\overline{)35}$

24

$11\overline{)38}$

25

$21\overline{)41}$

26

$12\overline{)43}$

27

$23\overline{)48}$

28

$17\overline{)49}$

29

$24\overline{)51}$

30

$17\overline{)52}$

31

$32\overline{)54}$

32

$25\overline{)59}$

정답 18쪽

33 $61 \div 14 =$

34 $63 \div 29 =$

35 $68 \div 19 =$

36 $72 \div 28 =$

37 $73 \div 11 =$

38 $74 \div 33 =$

39 $77 \div 25 =$

40 $79 \div 16 =$

41 $80 \div 39 =$

42 $82 \div 27 =$

43 $87 \div 11 =$

44 $88 \div 16 =$

45 $91 \div 36 =$

46 $94 \div 41 =$

47 $97 \div 23 =$

48 $98 \div 19 =$

DAY 19

(세 자리 수)÷(두 자리 수)

: 몫이 한 자리 수이고 나누어떨어지는 경우

이렇게 계산해요

162÷54의 계산

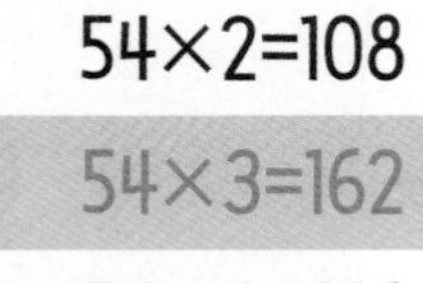

162에 54가 3번 들어가요.

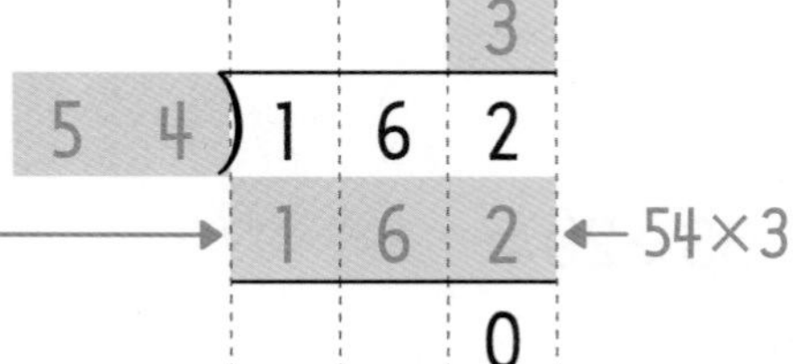

● 계산해 보세요.

1
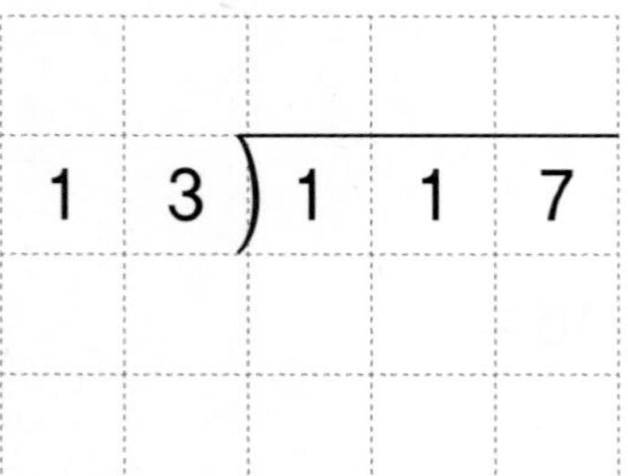

2
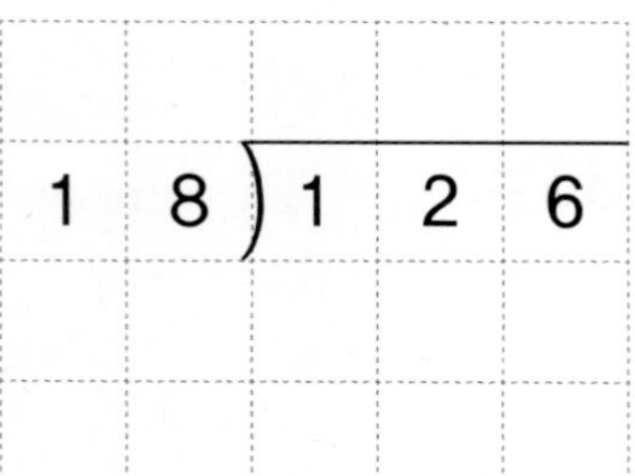

3
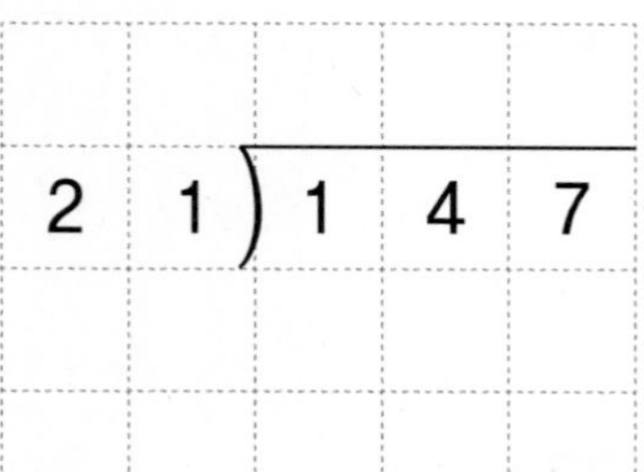

4
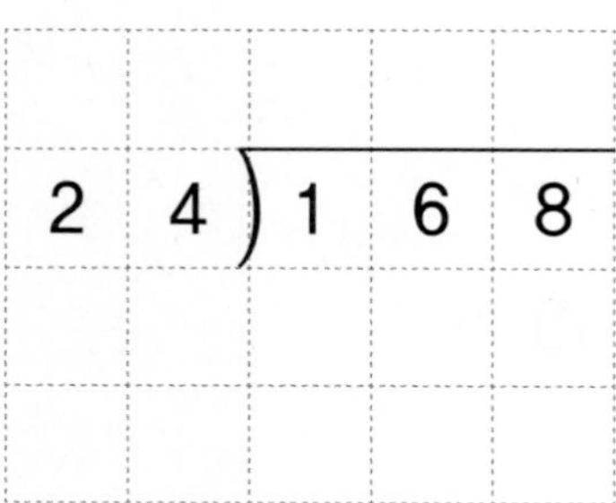

5
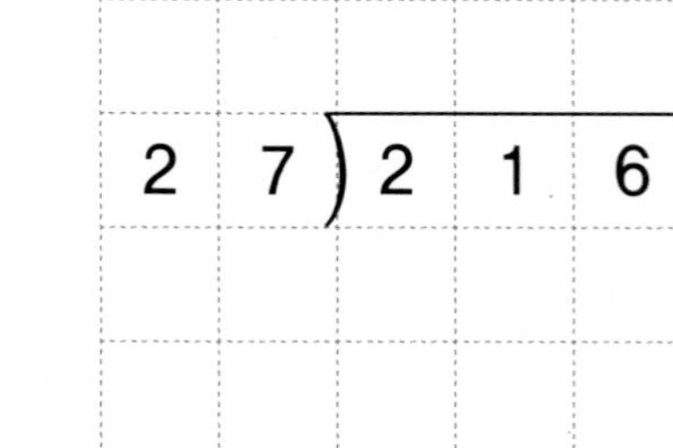

6
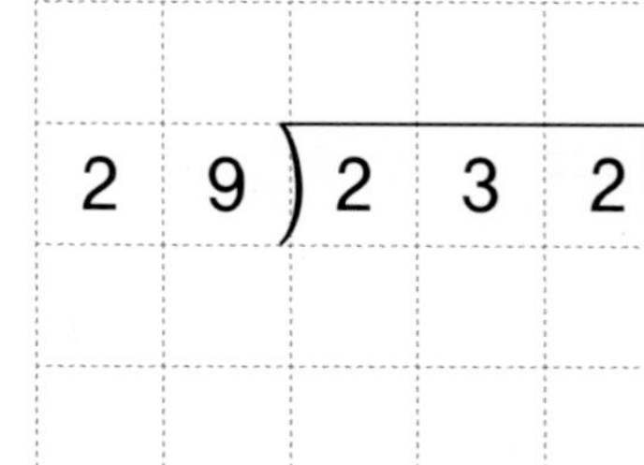

7

3 4) 3 0 6

8

8 2) 3 2 8

9

46)368

10

97)388

11

47)423

12

72)432

13

58)464

14

59)531

15

92)552

16

95)570

17

69)621

18

84)672

19

79)711

20

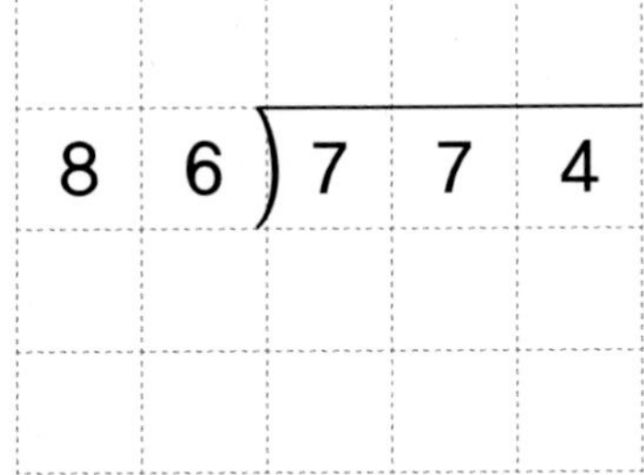

86)774

21

$17\overline{)\,1\ \ 1\ \ 9}$

22

$16\overline{)\,1\ \ 2\ \ 8}$

23

$19\overline{)\,1\ \ 7\ \ 1}$

24

$23\overline{)\,2\ \ 0\ \ 7}$

25

$38\overline{)\,2\ \ 2\ \ 8}$

26

$42\overline{)\,2\ \ 5\ \ 2}$

27

$87\overline{)\,2\ \ 6\ \ 1}$

28

$74\overline{)\,2\ \ 9\ \ 6}$

29

$44\overline{)\,3\ \ 0\ \ 8}$

30

$65\overline{)\,3\ \ 2\ \ 5}$

31

$89\overline{)\,3\ \ 5\ \ 6}$

32

$53\overline{)\,3\ \ 7\ \ 1}$

정답 19쪽

3

33 $402 \div 67 =$

34 $426 \div 71 =$

35 $476 \div 68 =$

36 $512 \div 64 =$

37 $516 \div 86 =$

38 $532 \div 76 =$

39 $567 \div 63 =$

40 $581 \div 83 =$

41 $592 \div 74 =$

42 $623 \div 89 =$

43 $624 \div 78 =$

44 $657 \div 73 =$

45 $704 \div 88 =$

46 $752 \div 94 =$

47 $837 \div 93 =$

48 $864 \div 96 =$

DAY 20

(세 자리 수)÷(두 자리 수)

: 몫이 한 자리 수이고 나머지가 있는 경우

이렇게 계산해요

143÷28의 계산

28×4=112

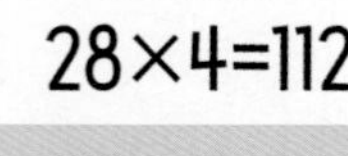

28×6=168

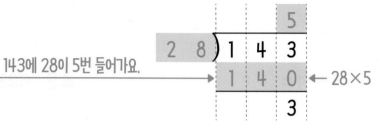

143에 28이 5번 들어가요.

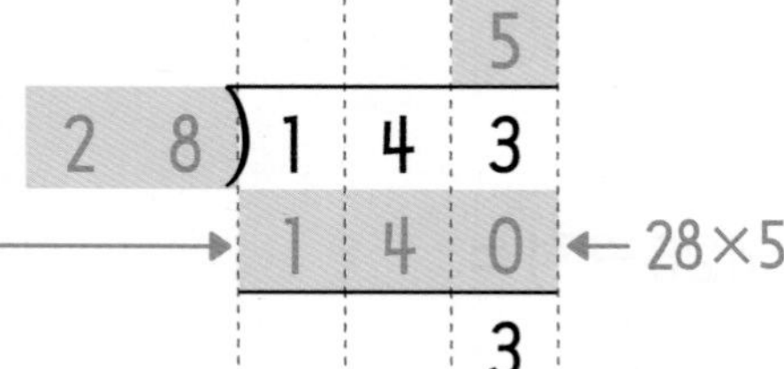

● 계산해 보세요.

1

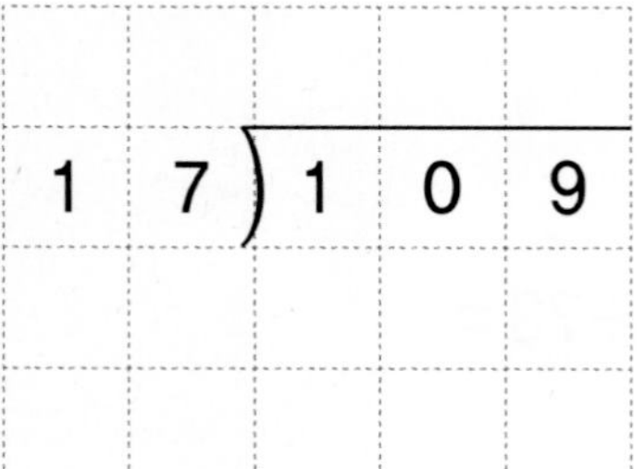

2

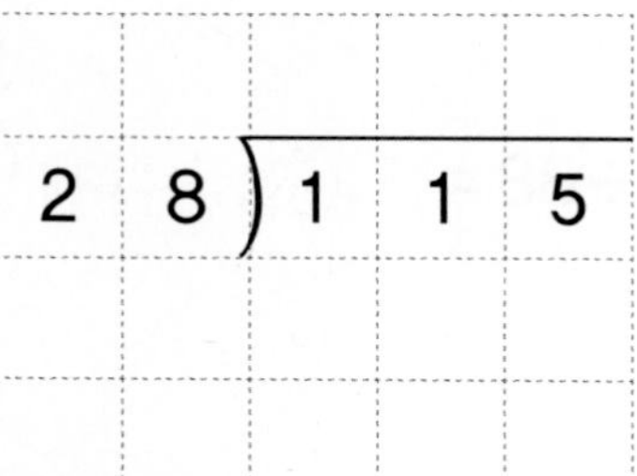

3

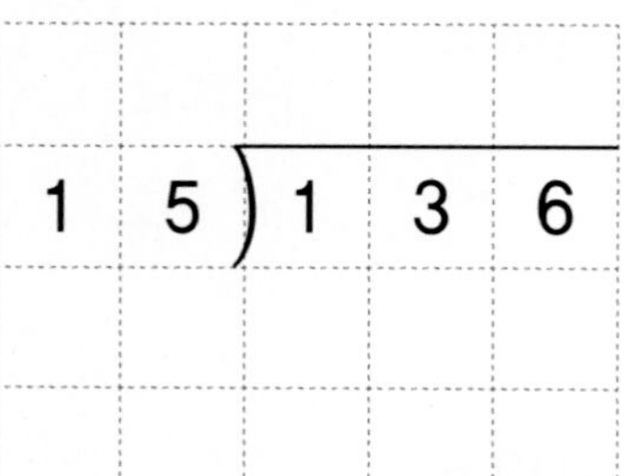

4

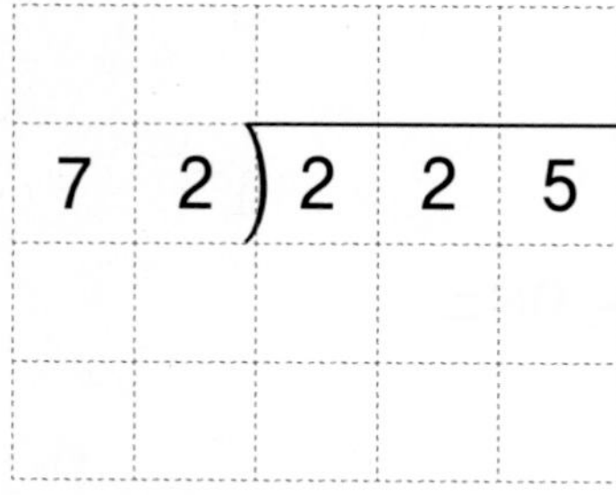

5

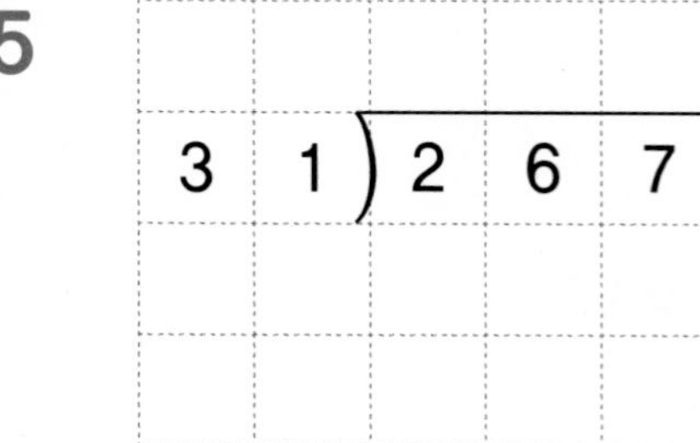

6

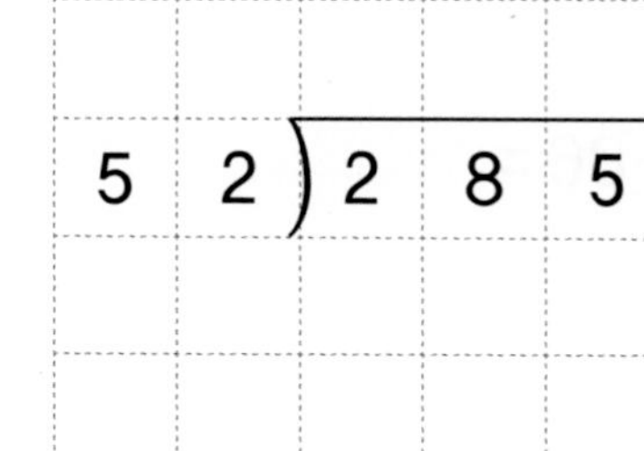

7

33)312

8

42)338

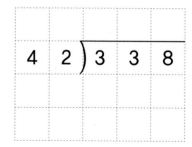

9
$$56\overline{)397}$$

10
$$65\overline{)414}$$

11
$$54\overline{)436}$$

12
$$88\overline{)452}$$

13
$$72\overline{)526}$$

14
$$59\overline{)535}$$

15
$$61\overline{)555}$$

16
$$75\overline{)611}$$

17
$$68\overline{)645}$$

18
$$83\overline{)699}$$

19
$$79\overline{)714}$$

20
$$95\overline{)804}$$

21

$$15\overline{)\,1\quad 1\quad 2\,}$$

22

$$22\overline{)\,1\quad 3\quad 6\,}$$

23

$$80\overline{)\,1\quad 6\quad 8\,}$$

24

$$34\overline{)\,1\quad 7\quad 4\,}$$

25

$$47\overline{)\,1\quad 9\quad 2\,}$$

26

$$51\overline{)\,2\quad 3\quad 2\,}$$

27

$$31\overline{)\,2\quad 5\quad 3\,}$$

28

$$42\overline{)\,2\quad 7\quad 7\,}$$

29

$$38\overline{)\,2\quad 8\quad 1\,}$$

30

$$72\overline{)\,3\quad 0\quad 1\,}$$

31

$$55\overline{)\,3\quad 3\quad 3\,}$$

32

$$48\overline{)\,3\quad 8\quad 1\,}$$

33 $398 \div 62 =$

34 $425 \div 68 =$

35 $449 \div 56 =$

36 $476 \div 87 =$

37 $489 \div 76 =$

38 $499 \div 53 =$

39 $507 \div 84 =$

40 $515 \div 71 =$

41 $534 \div 76 =$

42 $625 \div 83 =$

43 $644 \div 71 =$

44 $669 \div 89 =$

45 $716 \div 87 =$

46 $733 \div 91 =$

47 $828 \div 97 =$

48 $854 \div 86 =$

DAY 21

(세 자리 수)÷(두 자리 수)

: 몫이 두 자리 수이고 나누어떨어지는 경우

이렇게 계산해요

552÷24의 계산

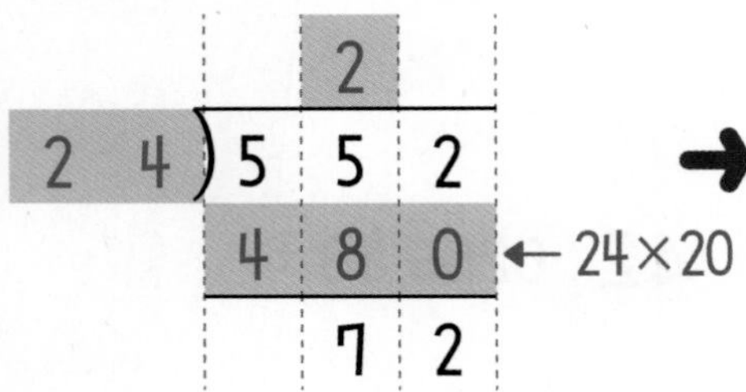

➜

```
     2 3
24)5 5 2
   4 8 0
     7 2
     7 2  ← 24×3
       0
```

● 계산해 보세요.

1

12)168

2

13)208

3

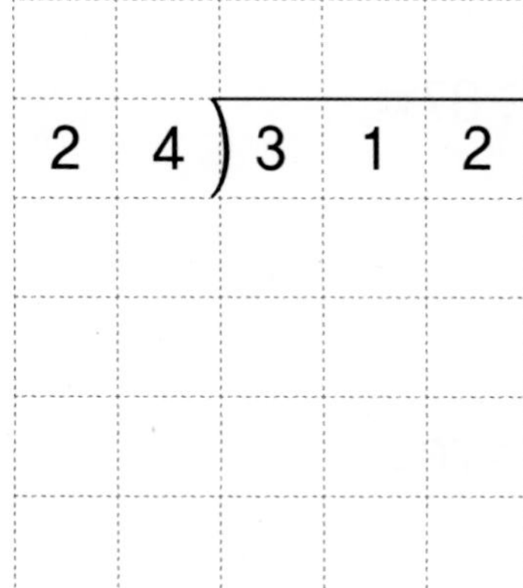

4

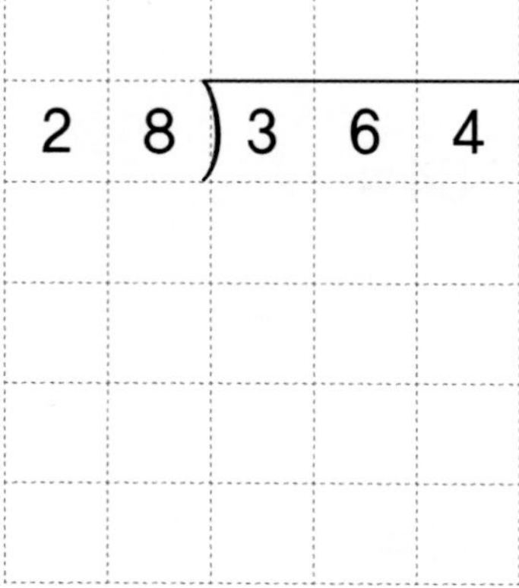

5

16)448

6

19)551

7

25)575

8

14)672

9

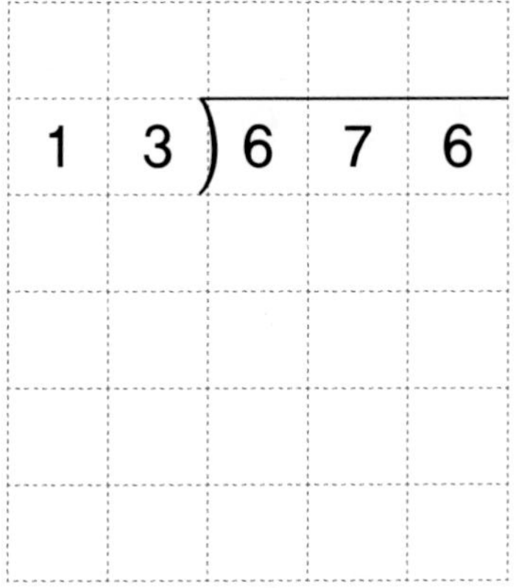

10

29)696

11

18)756

12

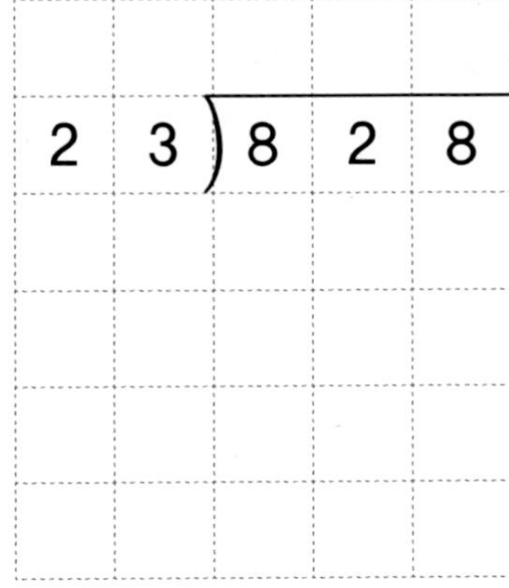

13

$13\overline{)156}$

14

$16\overline{)176}$

15

$12\overline{)180}$

16

$17\overline{)238}$

17

$15\overline{)285}$

18

$13\overline{)377}$

19

$15\overline{)405}$

20

$18\overline{)468}$

21

$19\overline{)475}$

22

$16\overline{)496}$

23

$36\overline{)504}$

24

$13\overline{)533}$

정답 21쪽

25 $561 \div 17 =$

26 $592 \div 37 =$

27 $684 \div 18 =$

28 $688 \div 16 =$

29 $774 \div 43 =$

30 $775 \div 31 =$

31 $782 \div 23 =$

32 $812 \div 28 =$

33 $814 \div 37 =$

34 $836 \div 19 =$

35 $858 \div 26 =$

36 $896 \div 32 =$

37 $936 \div 24 =$

38 $946 \div 43 =$

39 $988 \div 52 =$

40 $992 \div 32 =$

DAY 22

(세 자리 수)÷(두 자리 수)

: 몫이 두 자리 수이고 나머지가 있는 경우

이렇게 계산해요

437÷18의 계산

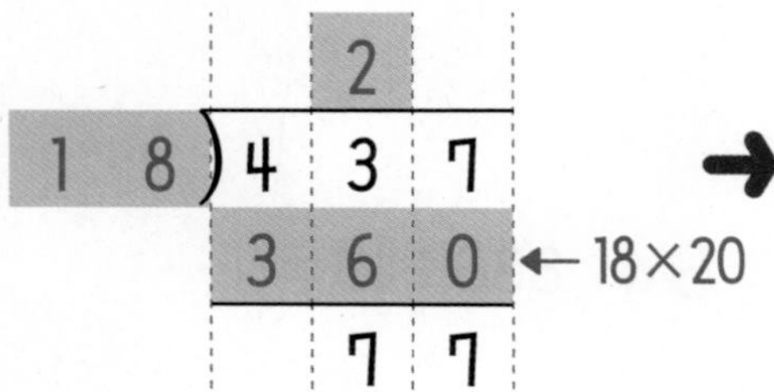

→

```
      2 4
18 ) 4 3 7
     3 6 0
       7 7
       7 2  ← 18×4
         5
```

● 계산해 보세요.

1 13)146

3 22)328

2 15)234

4 16)455

5

$14\overline{)486}$

6

$31\overline{)512}$

7

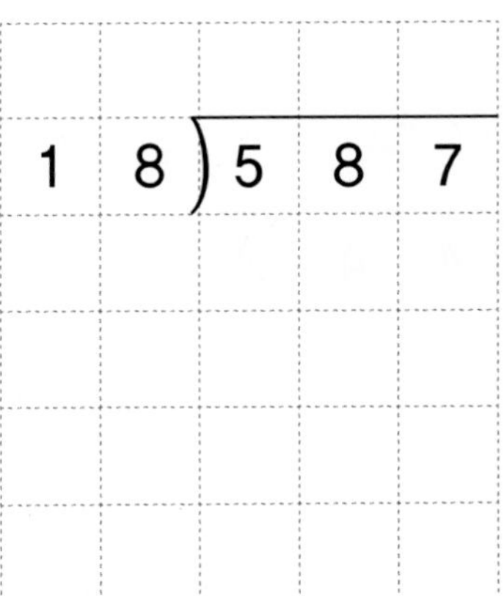

$18\overline{)587}$

8

$11\overline{)629}$

9

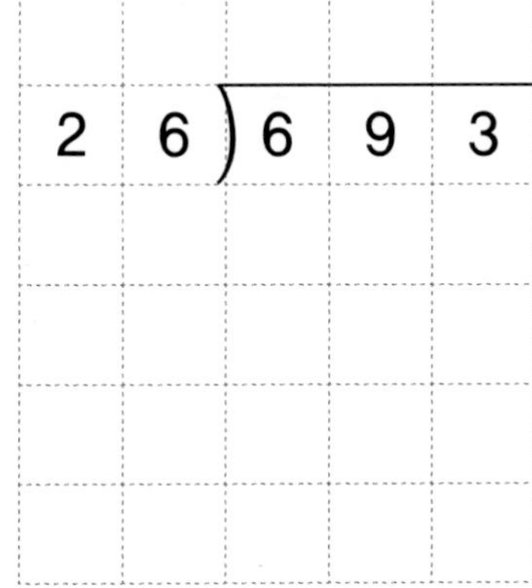

$26\overline{)693}$

10

$44\overline{)774}$

11

$36\overline{)835}$

12

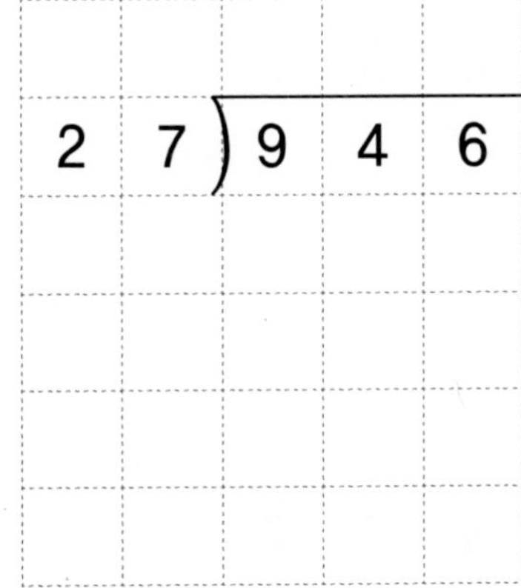

$27\overline{)946}$

13

$12\overline{)133}$

14

$17\overline{)196}$

15

$16\overline{)229}$

16

$14\overline{)254}$

17

$21\overline{)297}$

18

$13\overline{)307}$

19

$27\overline{)369}$

20

$15\overline{)388}$

21

$36\overline{)413}$

22

$18\overline{)442}$

23

$26\overline{)496}$

24

$17\overline{)526}$

정답 22쪽

3

25 $557 \div 26 =$

26 $563 \div 32 =$

27 $634 \div 13 =$

28 $679 \div 38 =$

29 $695 \div 24 =$

30 $715 \div 27 =$

31 $748 \div 19 =$

32 $791 \div 23 =$

33 $808 \div 53 =$

34 $829 \div 17 =$

35 $867 \div 36 =$

36 $893 \div 25 =$

37 $916 \div 16 =$

38 $934 \div 65 =$

39 $952 \div 43 =$

40 $987 \div 33 =$

DAY 23 평가

● 계산해 보세요.

1

12)2 9

2

19)3 8

3

14)4 2

4

17)6 3

5

12)7 2

6

26)8 6

7

12)1 0 8

8

17)2 0 4

9

71)2 1 3

10

40)2 4 0

11 $257 \div 35 =$

12 $356 \div 70 =$

13 $384 \div 24 =$

14 $394 \div 42 =$

15 $450 \div 90 =$

16 $467 \div 50 =$

17 $496 \div 62 =$

18 $560 \div 70 =$

19 $618 \div 41 =$

20 $626 \div 77 =$

21 $651 \div 80 =$

22 $753 \div 24 =$

23 $864 \div 32 =$

24 $912 \div 36 =$

정답 23쪽

>> 다른 그림 8곳을 찾아보세요.

아이와 평생
함께할 습관을
만듭니다.

아이스크림 홈런 2.0
공부를 좋아하는 습관

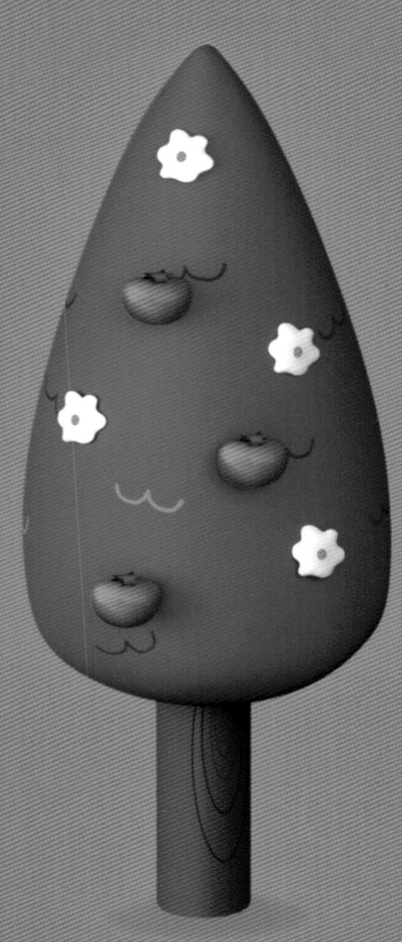

기본을 단단하게
나만의 속도로
무엇보다 재미있게

i-Scream edu

아이스크림 더연산

정답

초3 + 초4

- 나눗셈
- (나누어지는 수)÷(한 자리 수)
- (나누어지는 수)÷(두 자리 수)

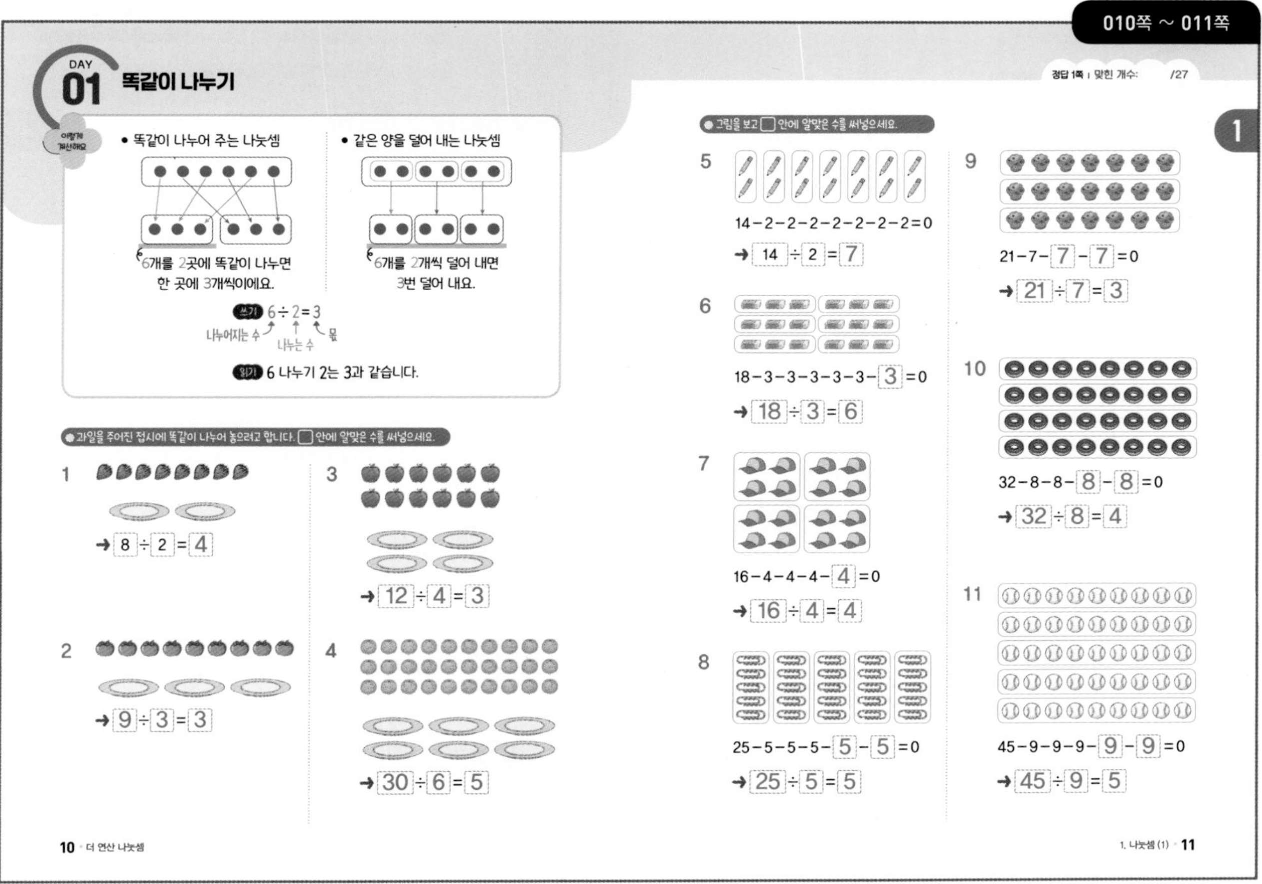

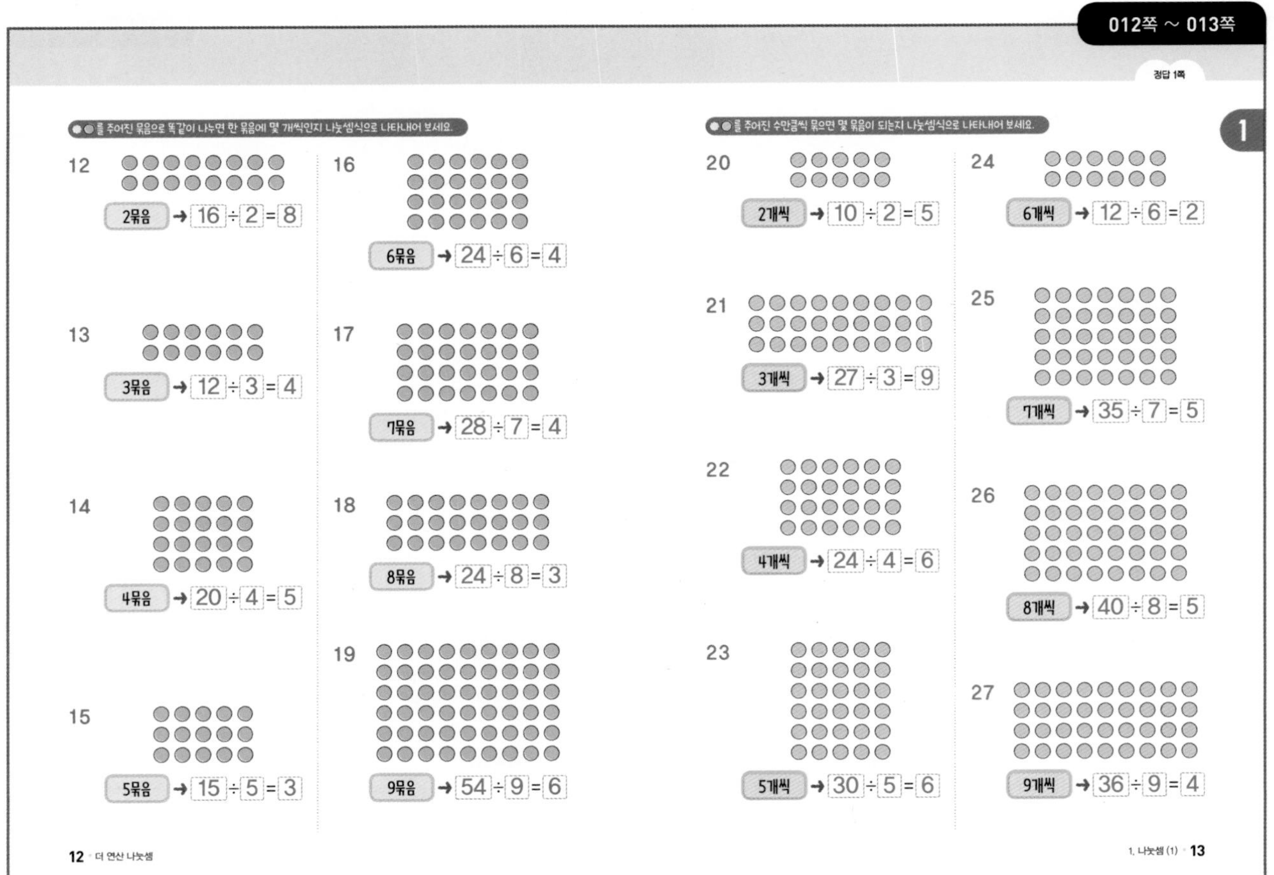

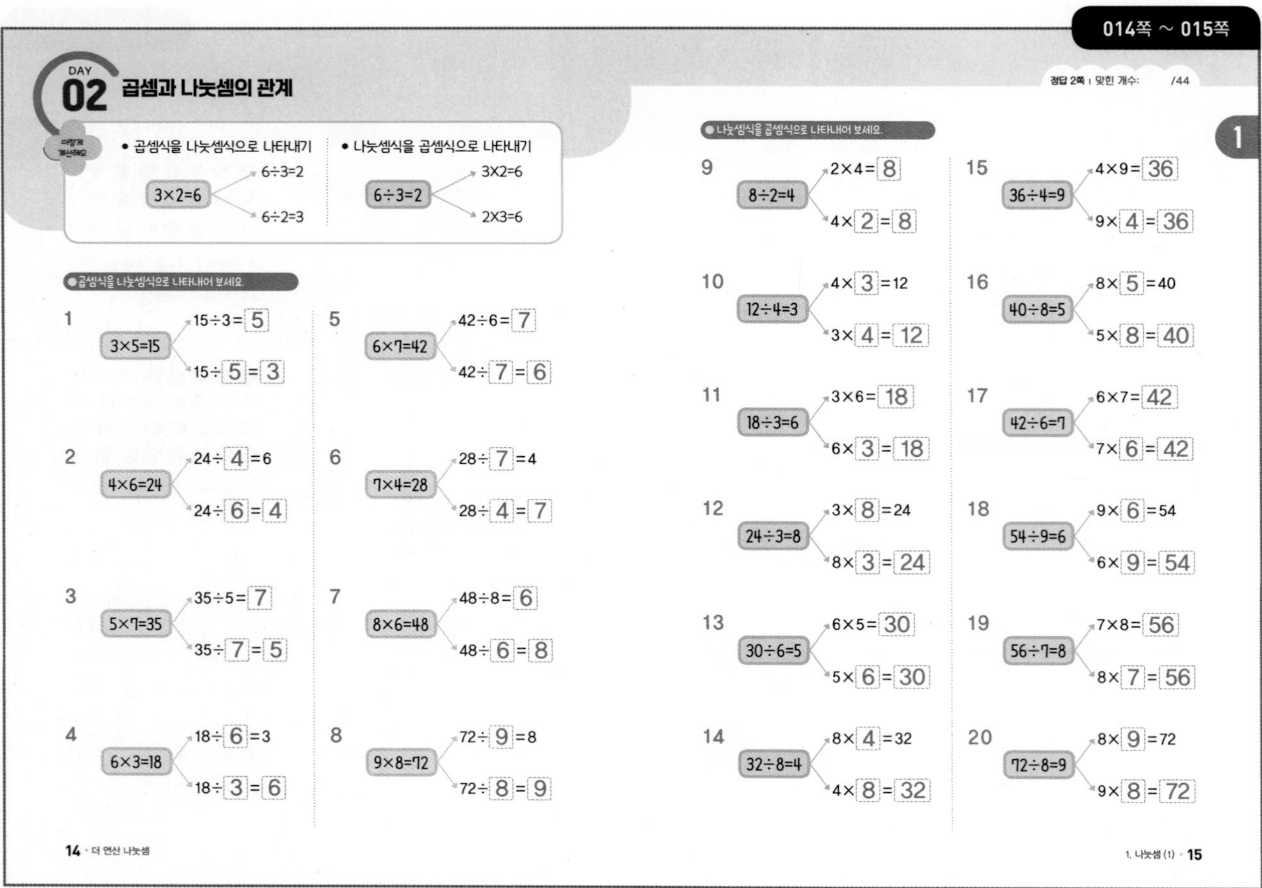

014쪽 ~ 015쪽

DAY 02 곱셈과 나눗셈의 관계

정답 2쪽 | 맞힌 개수: /44

- 곱셈식을 나눗셈식으로 나타내기: 3×2=6 → 6÷3=2, 6÷2=3
- 나눗셈식을 곱셈식으로 나타내기: 6÷3=2 → 3X2=6, 2X3=6

● 곱셈식을 나눗셈식으로 나타내어 보세요.

1. 3×5=15 → 15÷3=5, 15÷5=3
2. 4×6=24 → 24÷4=6, 24÷6=4
3. 5×7=35 → 35÷5=7, 35÷7=5
4. 6×3=18 → 18÷6=3, 18÷3=6
5. 6×7=42 → 42÷6=7, 42÷7=6
6. 7×4=28 → 28÷7=4, 28÷4=7
7. 8×6=48 → 48÷8=6, 48÷6=8
8. 9×8=72 → 72÷9=8, 72÷8=9

● 나눗셈식을 곱셈식으로 나타내어 보세요.

9. 8÷2=4 → 2×4=8, 4×2=8
10. 12÷4=3 → 4×3=12, 3×4=12
11. 18÷3=6 → 3×6=18, 6×3=18
12. 24÷3=8 → 3×8=24, 8×3=24
13. 30÷6=5 → 6×5=30, 5×6=30
14. 32÷8=4 → 8×4=32, 4×8=32
15. 36÷4=9 → 4×9=36, 9×4=36
16. 40÷8=5 → 8×5=40, 5×8=40
17. 42÷6=7 → 6×7=42, 7×6=42
18. 54÷9=6 → 9×6=54, 6×9=54
19. 56÷7=8 → 7×8=56, 8×7=56
20. 72÷8=9 → 8×9=72, 9×8=72

14 · 더 연산 나눗셈 1. 나눗셈 (1) · 15

016쪽 ~ 017쪽

정답 2쪽

● 곱셈식을 나눗셈식으로, 나눗셈식을 곱셈식으로 나타내어 보세요.

21. 2×4=8 → 8÷2=4, 8÷4=2
22. 2×8=16 → 16÷2=8, 16÷8=2
23. 3×4=12 → 12÷3=4, 12÷4=3
24. 4×7=28 → 28÷4=7, 28÷7=4
25. 5×2=10 → 10÷5=2, 10÷2=5
26. 5×9=45 → 45÷5=9, 45÷9=5
27. 10÷2=5 → 2×5=10, 5×2=10
28. 12÷6=2 → 6×2=12, 2×6=12
29. 20÷5=4 → 5×4=20, 4×5=20
30. 21÷7=3 → 7×3=21, 3×7=21
31. 24÷4=6 → 4×6=24, 6×4=24
32. 28÷7=4 → 7×4=28, 4×7=28
33. 6×3=18 → 18÷6=3, 18÷3=6
34. 6×8=48 → 48÷6=8, 48÷8=6
35. 7×2=14 → 14÷7=2, 14÷2=7
36. 8×3=24 → 24÷8=3, 24÷3=8
37. 8×7=56 → 56÷8=7, 56÷7=8
38. 9×4=36 → 36÷9=4, 36÷4=9
39. 36÷9=4 → 9×4=36, 4×9=36
40. 45÷5=9 → 5×9=45, 9×5=45
41. 48÷8=6 → 8×6=48, 6×8=48
42. 56÷8=7 → 8×7=56, 7×8=56
43. 63÷7=9 → 7×9=63, 9×7=63
44. 72÷9=8 → 9×8=72, 8×9=72

16 · 더 연산 나눗셈 1. 나눗셈 (1) · 17

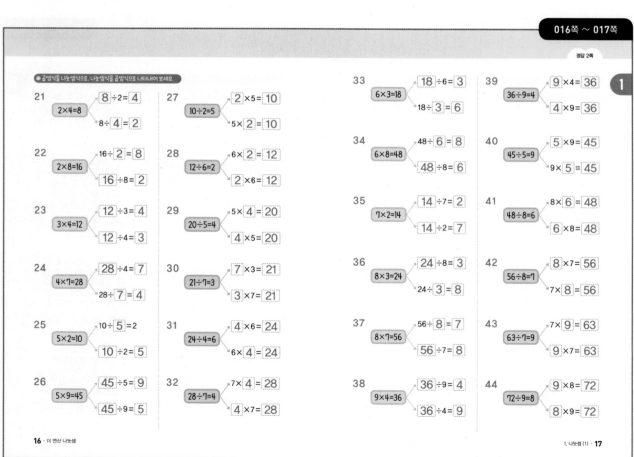

018쪽 ~ 019쪽

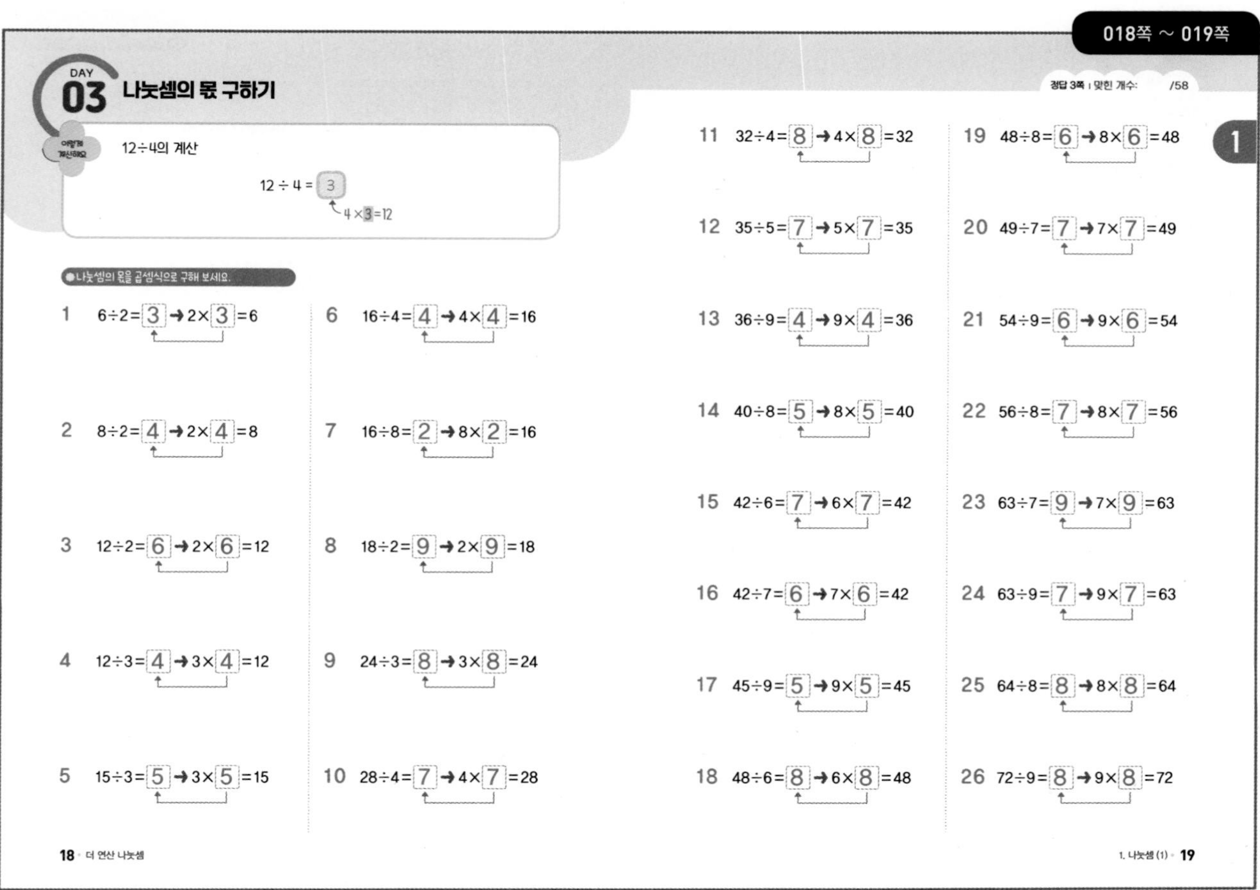

DAY 03 나눗셈의 몫 구하기

정답 3쪽 | 맞힌 개수: /58

이렇게 계산해요

12÷4의 계산

12 ÷ 4 = 3

4×3=12

● 나눗셈의 몫을 곱셈식으로 구해 보세요.

1 6÷2=3 → 2×3=6

2 8÷2=4 → 2×4=8

3 12÷2=6 → 2×6=12

4 12÷3=4 → 3×4=12

5 15÷3=5 → 3×5=15

6 16÷4=4 → 4×4=16

7 16÷8=2 → 8×2=16

8 18÷2=9 → 2×9=18

9 24÷3=8 → 3×8=24

10 28÷4=7 → 4×7=28

11 32÷4=8 → 4×8=32

12 35÷5=7 → 5×7=35

13 36÷9=4 → 9×4=36

14 40÷8=5 → 8×5=40

15 42÷6=7 → 6×7=42

16 42÷7=6 → 7×6=42

17 45÷9=5 → 9×5=45

18 48÷6=8 → 6×8=48

19 48÷8=6 → 8×6=48

20 49÷7=7 → 7×7=49

21 54÷9=6 → 9×6=54

22 56÷8=7 → 8×7=56

23 63÷7=9 → 7×9=63

24 63÷9=7 → 9×7=63

25 64÷8=8 → 8×8=64

26 72÷9=8 → 9×8=72

18 더 연산 나눗셈

1. 나눗셈 (1) 19

020쪽 ~ 021쪽

정답 3쪽

● 나눗셈의 몫을 구해 보세요.

27 4÷2=2

28 6÷3=2

29 9÷3=3

30 10÷2=5

31 10÷5=2

32 12÷4=3

33 12÷6=2

34 14÷7=2

35 15÷5=3

36 16÷2=8

37 18÷3=6

38 18÷9=2

39 20÷4=5

40 20÷5=4

41 24÷4=6

42 24÷8=3

43 25÷5=5

44 27÷3=9

45 27÷9=3

46 28÷7=4

47 30÷5=6

48 30÷6=5

49 32÷8=4

50 35÷7=5

51 36÷4=9

52 36÷6=6

53 40÷5=8

54 45÷5=9

55 54÷6=9

56 56÷7=8

57 72÷8=9

58 81÷9=9

20 더 연산 나눗셈

1. 나눗셈 (1) 21

022쪽 ~ 023쪽

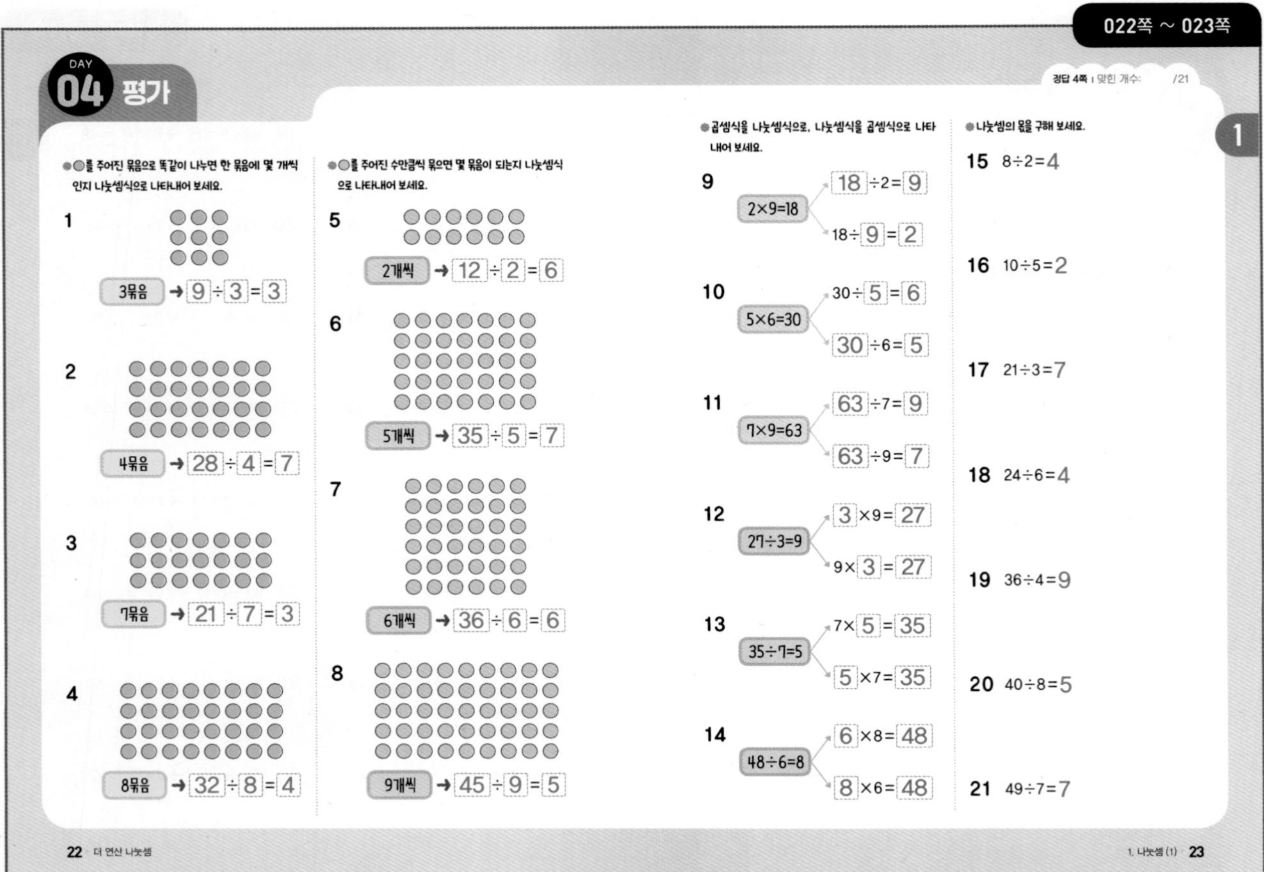

DAY 04 평가

정답 4쪽 | 맞힌 개수: /21

●◎를 주어진 묶음으로 똑같이 나누면 한 묶음에 몇 개씩인지 나눗셈식으로 나타내어 보세요.

1 3묶음 → 9÷3=3

2 4묶음 → 28÷4=7

3 7묶음 → 21÷7=3

4 8묶음 → 32÷8=4

●◎를 주어진 수만큼씩 묶으면 몇 묶음이 되는지 나눗셈식으로 나타내어 보세요.

5 2개씩 → 12÷2=6

6 5개씩 → 35÷5=7

7 6개씩 → 36÷6=6

8 9개씩 → 45÷9=5

●곱셈식을 나눗셈식으로, 나눗셈식을 곱셈식으로 나타내어 보세요.

9 2×9=18 → 18÷2=9, 18÷9=2

10 5×6=30 → 30÷5=6, 30÷6=5

11 7×9=63 → 63÷7=9, 63÷9=7

12 27÷3=9 → 3×9=27, 9×3=27

13 35÷7=5 → 7×5=35, 5×7=35

14 48÷6=8 → 6×8=48, 8×6=48

●나눗셈의 몫을 구해 보세요.

15 8÷2=4

16 10÷5=2

17 21÷3=7

18 24÷6=4

19 36÷4=9

20 40÷8=5

21 49÷7=7

22 더 연산 나눗셈 1. 나눗셈 (1) 23

024쪽

정답 4쪽
다른 그림 찾기
다른 그림 8곳을 찾아보세요.
마술쇼
24 더 연산 나눗셈

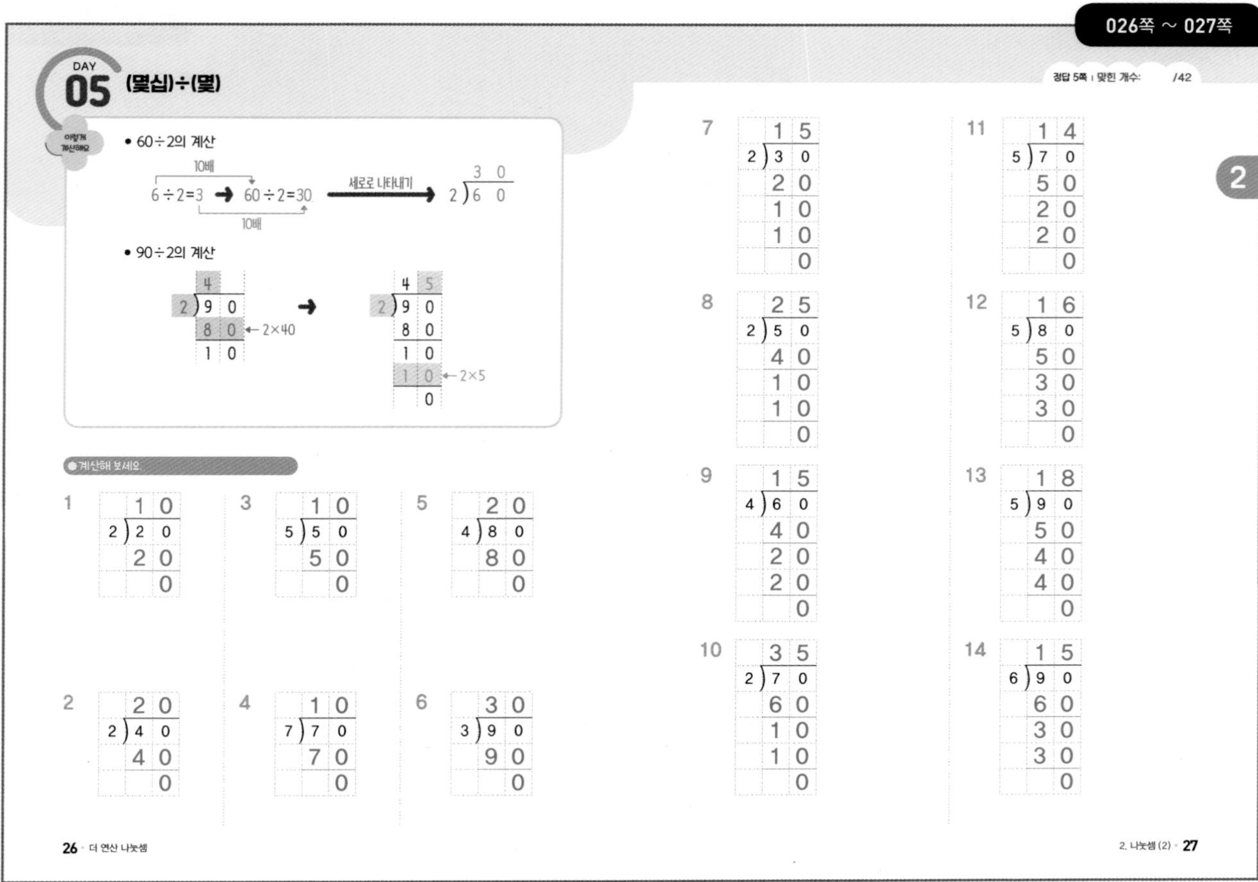

026쪽 ~ 027쪽

정답 5쪽 | 맞힌 개수: /42

DAY 05 (몇십)÷(몇)

이렇게 계산해요

• 60÷2의 계산

6÷2=3 → 60÷2=30 (10배, 10배) — 세로로 나타내기 → 2)60, 몫 30

• 90÷2의 계산

2)90: 몫 4, 80 ← 2×40, 10 → 몫 45, 80, 10, 10 ← 2×5, 0

● 계산해 보세요.

1
10
2)20
20
0

2
20
2)40
40
0

3
10
5)50
50
0

4
10
7)70
70
0

5
20
4)80
80
0

6
30
3)90
90
0

7
15
2)30
20
10
10
0

8
25
2)50
40
10
10
0

9
15
4)60
40
20
20
0

10
35
2)70
60
10
10
0

11
14
5)70
50
20
20
0

12
16
5)80
50
30
30
0

13
18
5)90
50
40
40
0

14
15
6)90
60
30
30
0

028쪽 ~ 029쪽

정답 5쪽

15
10
2)20

16
10
3)30

17
20
2)40

18
10
4)40

19
10
5)50

20
30
2)60

21
15
2)30

22
25
2)50

23
15
4)60

24
12
5)60

25
35
2)70

26
14
5)70

27 $60 \div 3 = 20$

28 $60 \div 6 = 10$

29 $70 \div 7 = 10$

30 $80 \div 2 = 40$

31 $80 \div 4 = 20$

32 $80 \div 8 = 10$

33 $90 \div 3 = 30$

34 $90 \div 9 = 10$

35 $60 \div 4 = 15$

36 $60 \div 5 = 12$

37 $70 \div 2 = 35$

38 $70 \div 5 = 14$

39 $80 \div 5 = 16$

40 $90 \div 2 = 45$

41 $90 \div 5 = 18$

42 $90 \div 6 = 15$

정답

030쪽 ~ 031쪽

DAY 06 **(몇십몇)÷(몇)**

: 내림이 없는 경우

정답 6쪽 | 맞힌 개수: /42

이렇게 계산해요

36÷3의 계산

```
     1              1 2
3)3 6          3)3 6
  3 0 ←3×10  →    3 0
    6                6
                     6 ←3×2
                     0
```

● 계산해 보세요.

1
```
   1 2
2)2 4
  2 0
    4
    4
    0
```

2
```
   1 4
2)2 8
  2 0
    8
    8
    0
```

3
```
   1 1
3)3 3
  3 0
    3
    3
    0
```

4
```
   2 1
2)4 2
  4 0
    2
    2
    0
```

5
```
   1 2
4)4 8
  4 0
    8
    8
    0
```

6
```
   1 1
5)5 5
  5 0
    5
    5
    0
```

7
```
   3 1
2)6 2
  6 0
    2
    2
    0
```

8
```
   2 1
3)6 3
  6 0
    3
    3
    0
```

9
```
   3 4
2)6 8
  6 0
    8
    8
    0
```

10
```
   1 1
7)7 7
  7 0
    7
    7
    0
```

11
```
   4 1
2)8 2
  8 0
    2
    2
    0
```

12
```
   2 1
4)8 4
  8 0
    4
    4
    0
```

13
```
   3 1
3)9 3
  9 0
    3
    3
    0
```

14
```
   3 2
3)9 6
  9 0
    6
    6
    0
```


032쪽 ~ 033쪽

정답 6쪽

15 2)22 = 11

16 2)26 = 13

17 3)36 = 12

18 3)39 = 13

19 2)44 = 22

20 4)44 = 11

21 2)46 = 23

22 2)48 = 24

23 2)62 = 31

24 3)63 = 21

25 2)64 = 32

26 2)66 = 33

27 66÷3=22

28 66÷6=11

29 68÷2=34

30 69÷3=23

31 77÷7=11

32 82÷2=41

33 84÷2=42

34 84÷4=21

35 86÷2=43

36 88÷2=44

37 88÷4=22

38 88÷8=11

39 93÷3=31

40 96÷3=32

41 99÷3=33

42 99÷9=11

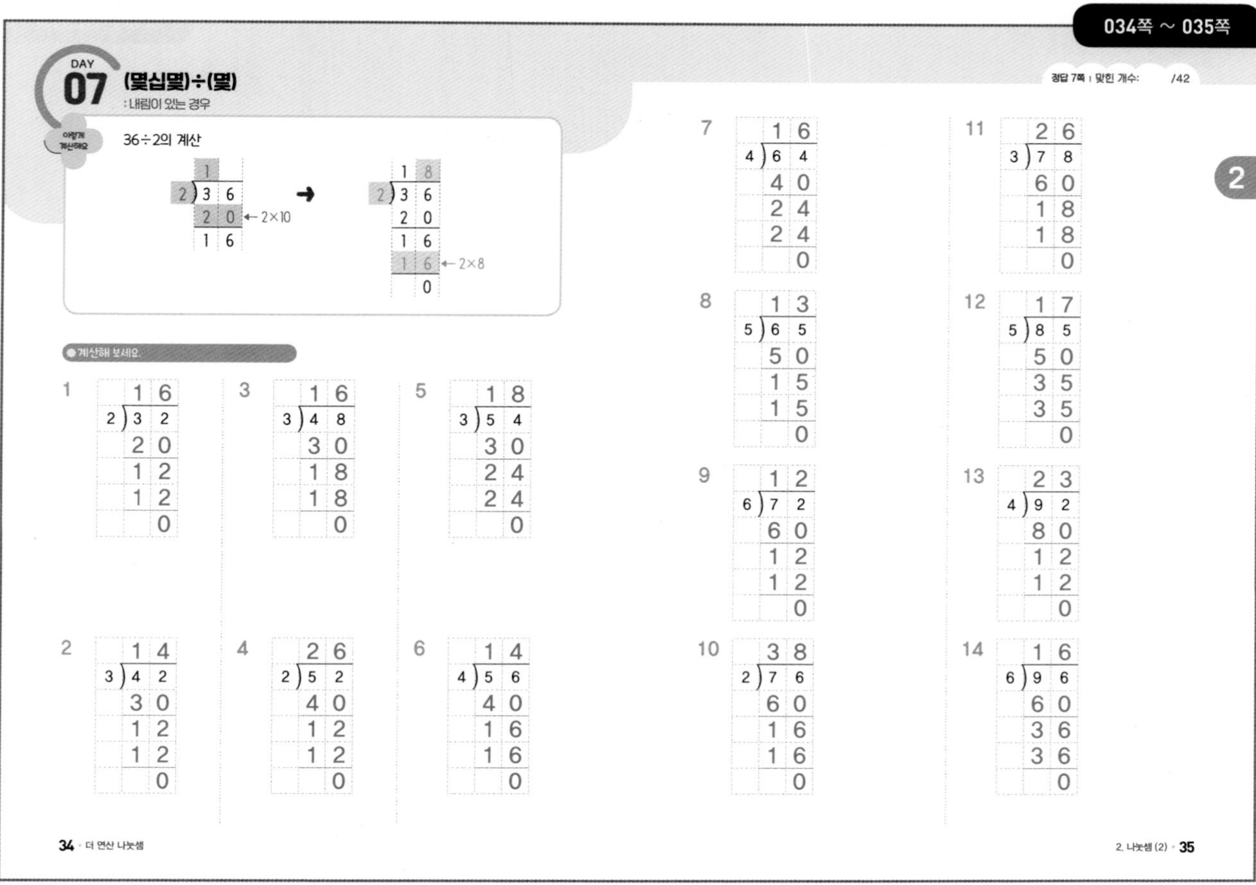
DAY 07 (몇십몇)÷(몇)
: 내림이 있는 경우

이렇게 계산해요

36÷2의 계산

2)36 → 1, 20 ← 2×10, 16 → 18, 20, 16, 16 ← 2×8, 0

정답 7쪽 | 맞힌 개수: /42

● 계산해 보세요.

1. 2)32 = 16 (20, 12, 12, 0)

2. 3)42 = 14 (30, 12, 12, 0)

3. 3)48 = 16 (30, 18, 18, 0)

4. 2)52 = 26 (40, 12, 12, 0)

5. 3)54 = 18 (30, 24, 24, 0)

6. 4)56 = 14 (40, 16, 16, 0)

7. 4)64 = 16 (40, 24, 24, 0)

8. 5)65 = 13 (50, 15, 15, 0)

9. 6)72 = 12 (60, 12, 12, 0)

10. 2)76 = 38 (60, 16, 16, 0)

11. 3)78 = 26 (60, 18, 18, 0)

12. 5)85 = 17 (50, 35, 35, 0)

13. 4)92 = 23 (80, 12, 12, 0)

14. 6)96 = 16 (60, 36, 36, 0)

정답 7쪽

15 2)34 = 17

16 2)38 = 19

17 3)45 = 15

18 3)51 = 17

19 4)52 = 13

20 2)54 = 27

21 2)56 = 28

22 3)57 = 19

23 2)58 = 29

24 4)68 = 17

25 4)72 = 18

26 2)74 = 37

27 75÷5=15

28 76÷4=19

29 78÷2=39

30 78÷6=13

31 81÷3=27

32 84÷3=28

33 84÷6=14

34 84÷7=12

35 87÷3=29

36 91÷7=13

37 92÷2=46

38 94÷2=47

39 95÷5=19

40 96÷4=24

41 96÷8=12

42 98÷7=14

038쪽 ~ 039쪽

DAY 08 **(몇십몇)÷(몇)**
: 내림이 없고 나머지가 있는 경우

이렇게 계산해요

37÷3의 계산

```
   1              1 2
3)3 7    →     3)3 7
  3 0 ←3×10      3 0
    7              7
                   6 ←3×2
                   1 → 나머지
```

● 계산해 보세요.

1
```
   1 1
2)2 3
  2 0
    3
    2
    1
```

2
```
   1 4
2)2 9
  2 0
    9
    8
    1
```

3
```
   1 0
3)3 2
  3 0
    2
```

4
```
   1 1
3)3 5
  3 0
    5
    3
    2
```

5
```
   2 1
2)4 3
  4 0
    3
    2
    1
```

6
```
   1 1
4)4 7
  4 0
    7
    4
    3
```

7
```
   1 1
5)5 9
  5 0
    9
    5
    4
```

8
```
   2 1
3)6 5
  6 0
    5
    3
    2
```

9
```
   1 1
6)6 8
  6 0
    8
    6
    2
```

10
```
   3 4
2)6 9
  6 0
    9
    8
    1
```

11
```
   1 1
7)7 9
  7 0
    9
    7
    2
```

12
```
   2 1
4)8 6
  8 0
    6
    4
    2
```

13
```
   4 4
2)8 9
  8 0
    9
    8
    1
```

14
```
   3 1
3)9 5
  9 0
    5
    3
    2
```


040쪽 ~ 041쪽

15 2)25 → 12 ⋯ 1

16 2)27 → 13 ⋯ 1

17 3)34 → 11 ⋯ 1

18 3)38 → 12 ⋯ 2

19 2)45 → 22 ⋯ 1

20 4)46 → 11 ⋯ 2

21 2)47 → 23 ⋯ 1

22 2)49 → 24 ⋯ 1

23 4)49 → 12 ⋯ 1

24 5)56 → 11 ⋯ 1

25 5)57 → 11 ⋯ 2

26 5)58 → 11 ⋯ 3

27 63÷2=31 ⋯ 1

28 64÷3=21 ⋯ 1

29 65÷2=32 ⋯ 1

30 67÷2=33 ⋯ 1

31 67÷3=22 ⋯ 1

32 67÷6=11 ⋯ 1

33 68÷3=22 ⋯ 2

34 78÷7=11 ⋯ 1

35 83÷2=41 ⋯ 1

36 85÷2=42 ⋯ 1

37 85÷4=21 ⋯ 1

38 87÷2=43 ⋯ 1

39 89÷8=11 ⋯ 1

40 94÷3=31 ⋯ 1

41 97÷9=10 ⋯ 7

42 98÷3=32 ⋯ 2

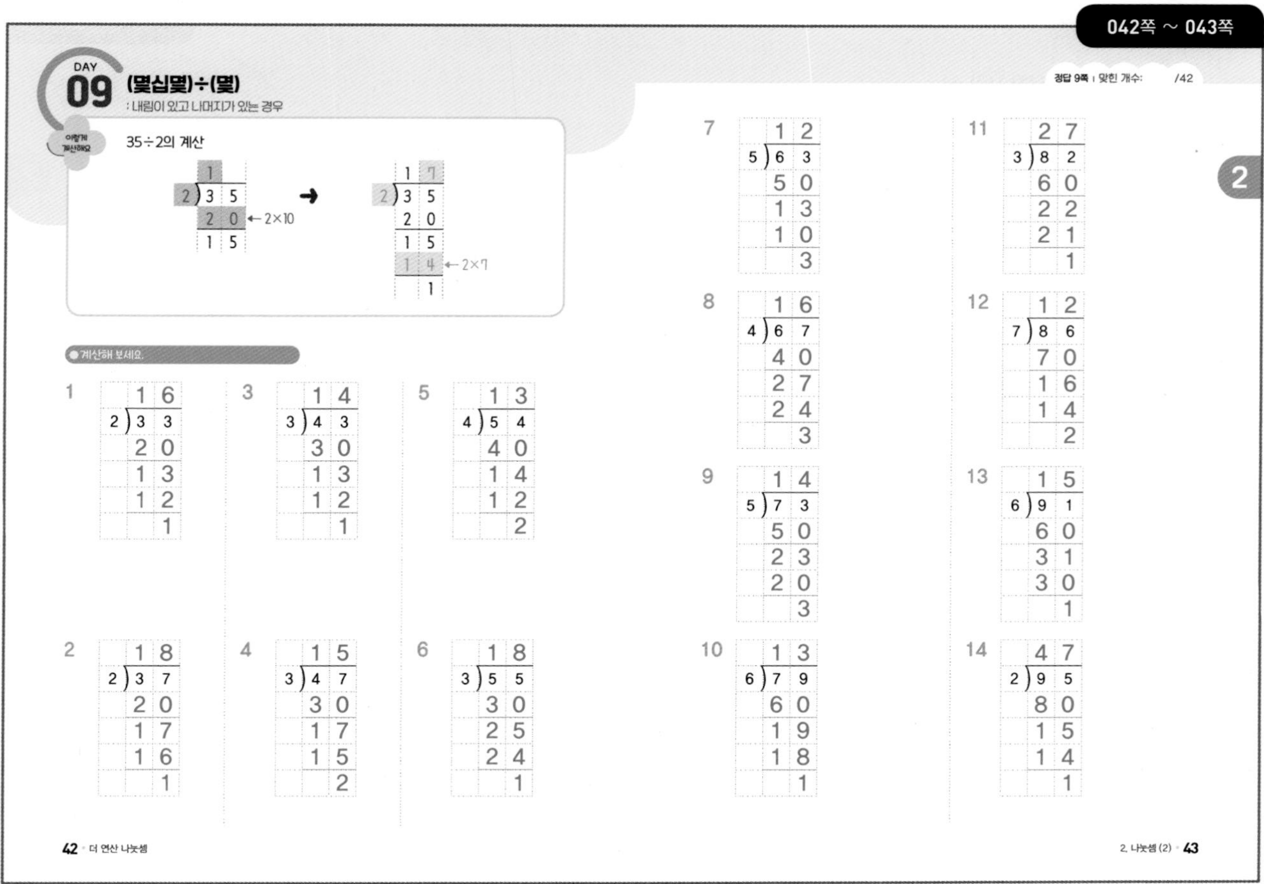
042쪽 ~ 043쪽

DAY 09 (몇십몇)÷(몇)
: 내림이 있고 나머지가 있는 경우

정답 9쪽 | 맞힌 개수: /42

이렇게 계산해요

35÷2의 계산

2)35 → 1, 20 ← 2×10, 15 → 17, 20, 15, 14 ← 2×7, 1

● 계산해 보세요.

1 2)33 — 16, 20, 13, 12, 1
2 2)37 — 18, 20, 17, 16, 1
3 3)43 — 14, 30, 13, 12, 1
4 3)47 — 15, 30, 17, 15, 2
5 4)54 — 13, 40, 14, 12, 2
6 3)55 — 18, 30, 25, 24, 1
7 5)63 — 12, 50, 13, 10, 3
8 4)67 — 16, 40, 27, 24, 3
9 5)73 — 14, 50, 23, 20, 3
10 6)79 — 13, 60, 19, 18, 1
11 3)82 — 27, 60, 22, 21, 1
12 7)86 — 12, 70, 16, 14, 2
13 6)91 — 15, 60, 31, 30, 1
14 2)95 — 47, 80, 15, 14, 1

42 · 더 연산 나눗셈 2. 나눗셈 (2) · 43

044쪽 ~ 045쪽

정답 9쪽

15 2)31 — 15 … 1
16 2)39 — 19 … 1
17 3)41 — 13 … 2
18 3)44 — 14 … 2
19 3)46 — 15 … 1
20 3)49 — 16 … 1
21 4)51 — 12 … 3
22 4)53 — 13 … 1
23 3)56 — 18 … 2
24 2)57 — 28 … 1
25 3)59 — 19 … 2
26 4)59 — 14 … 3
27 62÷5=12 … 2
28 63÷4=15 … 3
29 64÷5=12 … 4
30 65÷4=16 … 1
31 68÷5=13 … 3
32 71÷3=23 … 2
33 73÷6=12 … 1
34 74÷4=18 … 2
35 75÷4=18 … 3
36 77÷6=12 … 5
37 82÷7=11 … 5
38 86÷5=17 … 1
39 89÷6=14 … 5
40 91÷4=22 … 3
41 92÷5=18 … 2
42 98÷8=12 … 2

44 · 더 연산 나눗셈 2. 나눗셈 (2) · 45

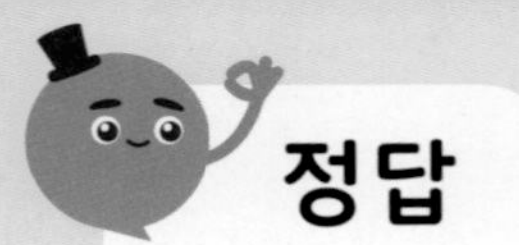

정답

046쪽 ~ 047쪽

DAY 10

(세 자리 수)÷(한 자리 수)

: 나누어떨어지는 경우

정답 10쪽 | 맞힌 개수: /40

이렇게 계산해요

• 240÷2의 계산

120
2)240
200 ← 2×100
40
40 ← 2×20
0 ← 나머지가 0일 때, 나누어떨어진다고 해요.

• 252÷3의 계산

84
3)252
240 ← 3×80
12
12 ← 3×4
0

● 계산해 보세요.

1
130
2)260
200
60
60
0

2
102
4)408
400
8
8
0

3
201
3)603
600
3
3
0

4
210
4)840
800
40
40
0

5
67
2)134
120
14
14
0

6
82
3)246
240
6
6
0

7
54
6)324
300
24
24
0

8
61
7)427
420
7
7
0

9
76
7)532
490
42
42
0

10
77
8)616
560
56
56
0

11
83
9)747
720
27
27
0

12
95
9)855
810
45
45
0

2

048쪽 ~ 049쪽

정답 10쪽

13 142 / 2)284

14 123 / 3)369

15 130 / 3)390

16 227 / 2)454

17 119 / 4)476

18 138 / 4)552

19 31 / 5)155

20 47 / 4)188

21 78 / 3)234

22 65 / 4)260

23 82 / 4)328

24 76 / 5)380

25 624÷2=312

26 652÷4=163

27 660÷5=132

28 777÷7=111

29 822÷3=274

30 882÷6=147

31 912÷3=304

32 984÷8=123

33 456÷6=76

34 475÷5=95

35 522÷6=87

36 567÷7=81

37 637÷7=91

38 672÷8=84

39 768÷8=96

40 819÷9=91

2

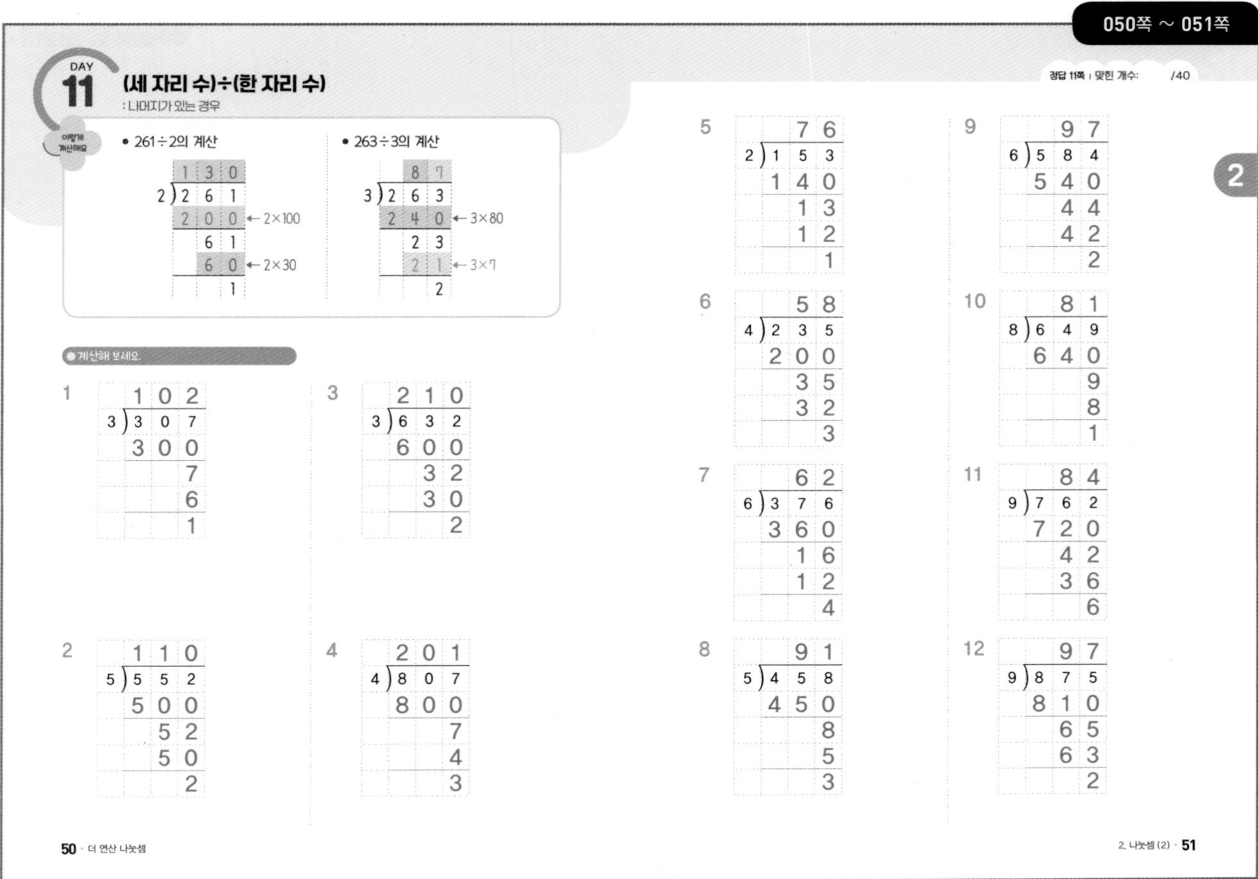
050쪽 ~ 051쪽

DAY 11 (세 자리 수)÷(한 자리 수)
: 나머지가 있는 경우

정답 11쪽 | 맞힌 개수: /40

어떻게 계산해요

• 261÷2의 계산

```
    1 3 0
2 ) 2 6 1
    2 0 0  ← 2×100
      6 1
      6 0  ← 2×30
        1
```

• 263÷3의 계산

```
      8 7
3 ) 2 6 3
    2 4 0  ← 3×80
      2 3
      2 1  ← 3×7
        2
```

계산해 보세요.

1
```
    1 0 2
3 ) 3 0 7
    3 0 0
        7
        6
        1
```

2
```
    1 1 0
5 ) 5 5 2
    5 0 0
      5 2
      5 0
        2
```

3
```
    2 1 0
3 ) 6 3 2
    6 0 0
      3 2
      3 0
        2
```

4
```
    2 0 1
4 ) 8 0 7
    8 0 0
        7
        4
        3
```

5
```
      7 6
2 ) 1 5 3
    1 4 0
      1 3
      1 2
        1
```

6
```
      5 8
4 ) 2 3 5
    2 0 0
      3 5
      3 2
        3
```

7
```
      6 2
6 ) 3 7 6
    3 6 0
      1 6
      1 2
        4
```

8
```
      9 1
5 ) 4 5 8
    4 5 0
        8
        5
        3
```

9
```
      9 7
6 ) 5 8 4
    5 4 0
      4 4
      4 2
        2
```

10
```
      8 1
8 ) 6 4 9
    6 4 0
        9
        8
        1
```

11
```
      8 4
9 ) 7 6 2
    7 2 0
      4 2
      3 6
        6
```

12
```
      9 7
9 ) 8 7 5
    8 1 0
      6 5
      6 3
        2
```

2

052쪽 ~ 053쪽

정답 11쪽

13 2)271 = 135 … 1

14 3)338 = 112 … 2

15 2)383 = 191 … 1

16 4)434 = 108 … 2

17 4)471 = 117 … 3

18 2)543 = 271 … 1

19 3)113 = 37 … 2

20 5)174 = 34 … 4

21 3)238 = 79 … 1

22 5)287 = 57 … 2

23 4)325 = 81 … 1

24 7)367 = 52 … 3

25 614÷5=122 … 4

26 677÷4=169 … 1

27 729÷6=121 … 3

28 761÷7=108 … 5

29 833÷3=277 … 2

30 851÷4=212 … 3

31 918÷5=183 … 3

32 967÷9=107 … 4

33 445÷8=55 … 5

34 492÷5=98 … 2

35 512÷6=85 … 2

36 537÷8=67 … 1

37 628÷7=89 … 5

38 667÷8=83 … 3

39 727÷8=90 … 7

40 852÷9=94 … 6

2

정답

054쪽 ~ 055쪽

DAY 12

계산이 맞는지 확인하기

: 나누어지는 수가 두 자리 수인 경우

정답 12쪽 | 맞힌 개수: /34

이렇게 계산해요

22÷3의 계산이 맞는지 확인하기

나누어지는 수		나누는 수		몫		나머지
22	÷	3	=	7	…	1

확인 3×7=21, 21+1=22

나누는 수와 몫의 곱에 나머지를 더하면 나누어지는 수가 돼요.

● 나눗셈식이 맞는지 확인하려고 합니다. □ 안에 알맞은 수를 써넣으세요.

1 26 ÷ 6 = 4 … 2
확인 6×4=24, 24+2=26

2 38 ÷ 7 = 5 … 3
확인 7×5=35, 35+3=38

3 59 ÷ 9 = 6 … 5
확인 9×6=54, 54+5=59

4 66 ÷ 8 = 8 … 2
확인 8×8=64, 64+2=66

● 나눗셈식을 완성하고, 맞는지 확인하려고 합니다. □ 안에 알맞은 수를 써넣으세요.

5 17÷3=5 … 2
확인 3×5=15, 15+2=17

6 22÷7=3 … 1
확인 7×3=21, 21+1=22

7 38÷4=9 … 2
확인 4×9=36, 36+2=38

8 45÷6=7 … 3
확인 6×7=42, 42+3=45

9 49÷9=5 … 4
확인 9×5=45, 45+4=49

10 54÷5=10 … 4
확인 5×10=50, 50+4=54

11 59÷3=19 … 2
확인 3×19=57, 57+2=59

12 62÷8=7 … 6
확인 8×7=56, 56+6=62

13 76÷9=8 … 4
확인 9×8=72, 72+4=76

14 79÷6=13 … 1
확인 6×13=78, 78+1=79

15 83÷7=11 … 6
확인 7×11=77, 77+6=83

16 99÷4=24 … 3
확인 4×24=96, 96+3=99

2

056쪽 ~ 057쪽

정답 12쪽

● 계산해 보고, 계산 결과가 맞는지 확인해 보세요.

17 13÷2 = 6 … 1
확인 2×6=12, 12+1=13

18 17÷5 = 3 … 2
확인 5×3=15, 15+2=17

19 24÷7 = 3 … 3
확인 7×3=21, 21+3=24

20 29÷4 = 7 … 1
확인 4×7=28, 28+1=29

21 31÷6 = 5 … 1
확인 6×5=30, 30+1=31

22 35÷3 = 11 … 2
확인 3×11=33, 33+2=35

23 42÷4=10 … 2
확인 4×10=40, 40+2=42

24 48÷7=6 … 6
확인 7×6=42, 42+6=48

25 53÷3=17 … 2
확인 3×17=51, 51+2=53

26 57÷8=7 … 1
확인 8×7=56, 56+1=57

27 64÷6=10 … 4
확인 6×10=60, 60+4=64

28 65÷7=9 … 2
확인 7×9=63, 63+2=65

29 71÷9=7 … 8
확인 9×7=63, 63+8=71

30 79÷5=15 … 4
확인 5×15=75, 75+4=79

31 82÷6=13 … 4
확인 6×13=78, 78+4=82

32 88÷9=9 … 7
확인 9×9=81, 81+7=88

33 93÷4=23 … 1
확인 4×23=92, 92+1=93

34 95÷3=31 … 2
확인 3×31=93, 93+2=95

2

DAY 13 계산이 맞는지 확인하기

: 나누어지는 수가 세 자리 수인 경우

어떻게 계산해요

143÷4의 계산이 맞는지 확인하기

나누어지는 수 143 ÷ 나누는 수 4 = 몫 35 ··· 나머지 3

확인 4×35=140, 140+3=143

나누는 수와 몫의 곱에 나머지를 더하면 나누어지는 수가 돼요.

● 나눗셈식이 맞는지 확인하려고 합니다. □ 안에 알맞은 수를 써넣으세요.

1 239 ÷ 3 = 79 ··· 2
확인 3×79=237, 237+2=239

2 434 ÷ 5 = 86 ··· 4
확인 5×86=430, 430+4=434

3 597 ÷ 4 = 149 ··· 1
확인 4×149=596, 596+1=597

4 711 ÷ 6 = 118 ··· 3
확인 6×118=708, 708+3=711

● 나눗셈식을 완성하고, 맞는지 확인하려고 합니다. □ 안에 알맞은 수를 써넣으세요.

5 113÷2=56 ··· 1
확인 2×56=112, 112+1=113

6 265÷7=37 ··· 6
확인 7×37=259, 259+6=265

7 334÷5=66 ··· 4
확인 5×66=330, 330+4=334

8 378÷4=94 ··· 2
확인 4×94=376, 376+2=378

9 455÷3=151 ··· 2
확인 3×151=453, 453+2=455

10 517÷5=103 ··· 2
확인 5×103=515, 515+2=517

11 589÷7=84 ··· 1
확인 7×84=588, 588+1=589

12 662÷8=82 ··· 6
확인 8×82=656, 656+6=662

13 673÷6=112 ··· 1
확인 6×112=672, 672+1=673

14 747÷2=373 ··· 1
확인 2×373=746, 746+1=747

15 828÷5=165 ··· 3
확인 5×165=825, 825+3=828

16 935÷7=133 ··· 4
확인 7×133=931, 931+4=935

● 계산해 보고, 계산 결과가 맞는지 확인해 보세요.

17 135÷4 = 33 ··· 3
확인 4×33=132, 132+3=135

18 187÷3 = 62 ··· 1
확인 3×62=186, 186+1=187

19 222÷7 = 31 ··· 5
확인 7×31=217, 217+5=222

20 259÷6 = 43 ··· 1
확인 6×43=258, 258+1=259

21 346÷3 = 115 ··· 1
확인 3×115=345, 345+1=346

22 371÷4 = 92 ··· 3
확인 4×92=368, 368+3=371

23 433÷2=216 ··· 1
확인 2×216=432, 432+1=433

24 486÷8=60 ··· 6
확인 8×60=480, 480+6=486

25 543÷5=108 ··· 3
확인 5×108=540, 540+3=543

26 576÷7=82 ··· 2
확인 7×82=574, 574+2=576

27 617÷3=205 ··· 2
확인 3×205=615, 615+2=617

28 642÷5=128 ··· 2
확인 5×128=640, 640+2=642

29 725÷4=181 ··· 1
확인 4×181=724, 724+1=725

30 779÷6=129 ··· 5
확인 6×129=774, 774+5=779

31 851÷4=212 ··· 3
확인 4×212=848, 848+3=851

32 888÷7=126 ··· 6
확인 7×126=882, 882+6=888

33 934÷9=103 ··· 7
확인 9×103=927, 927+7=934

34 963÷8=120 ··· 3
확인 8×120=960, 960+3=963

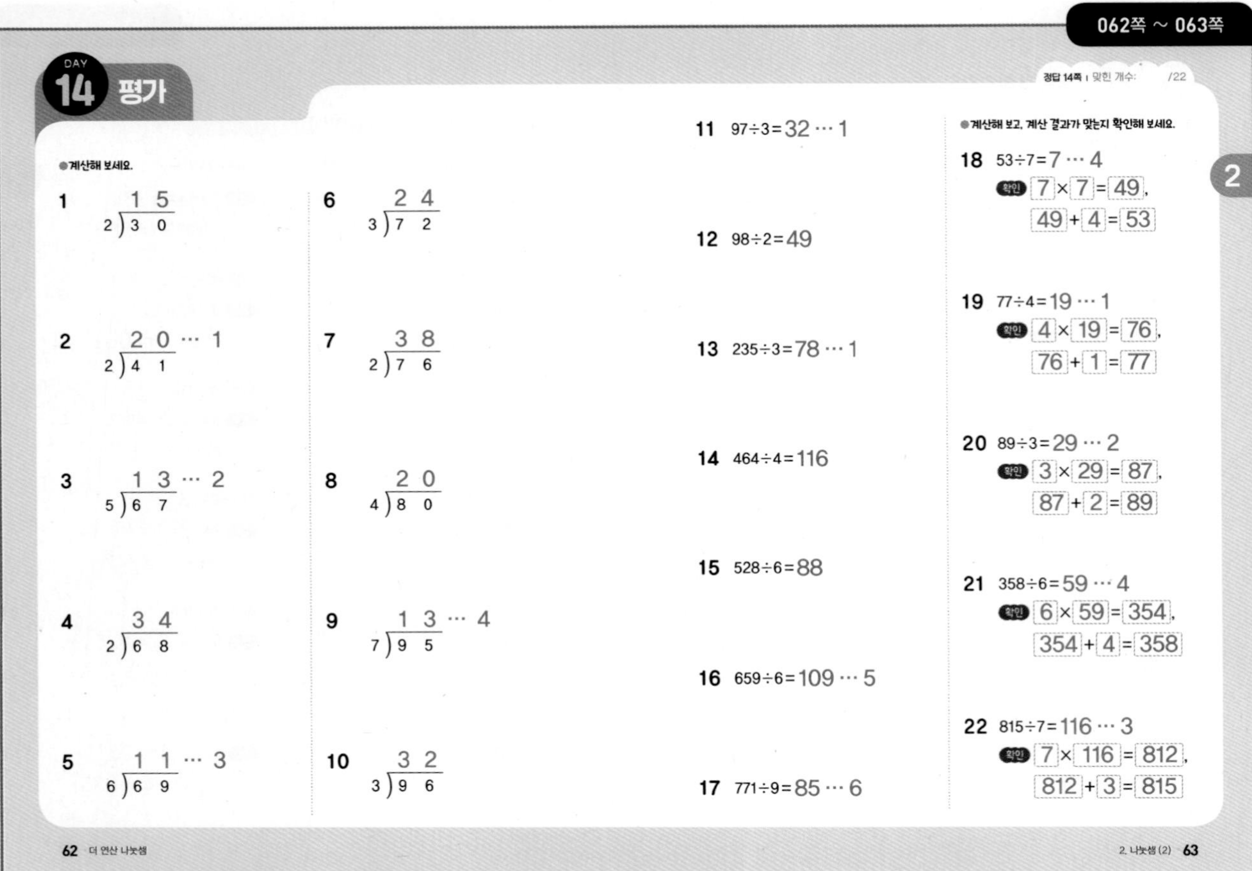
062쪽 ~ 063쪽

DAY 14 평가

정답 14쪽 | 맞힌 개수: /22

● 계산해 보세요.

1 $2\overline{)30}$ = 15

2 $2\overline{)41}$ = 20 … 1

3 $5\overline{)67}$ = 13 … 2

4 $2\overline{)68}$ = 34

5 $6\overline{)69}$ = 11 … 3

6 $3\overline{)72}$ = 24

7 $2\overline{)76}$ = 38

8 $4\overline{)80}$ = 20

9 $7\overline{)95}$ = 13 … 4

10 $3\overline{)96}$ = 32

11 97÷3=32 … 1

12 98÷2=49

13 235÷3=78 … 1

14 464÷4=116

15 528÷6=88

16 659÷6=109 … 5

17 771÷9=85 … 6

● 계산해 보고, 계산 결과가 맞는지 확인해 보세요.

18 53÷7=7 … 4
확인 7×7=49, 49+4=53

19 77÷4=19 … 1
확인 4×19=76, 76+1=77

20 89÷3=29 … 2
확인 3×29=87, 87+2=89

21 358÷6=59 … 4
확인 6×59=354, 354+4=358

22 815÷7=116 … 3
확인 7×116=812, 812+3=815

62 · 더 연산 나눗셈 2. 나눗셈 (2) · 63

064쪽

정답 14쪽

다른 그림 찾기

다른 그림 8곳을 찾아보세요.

64 · 더 연산 나눗셈

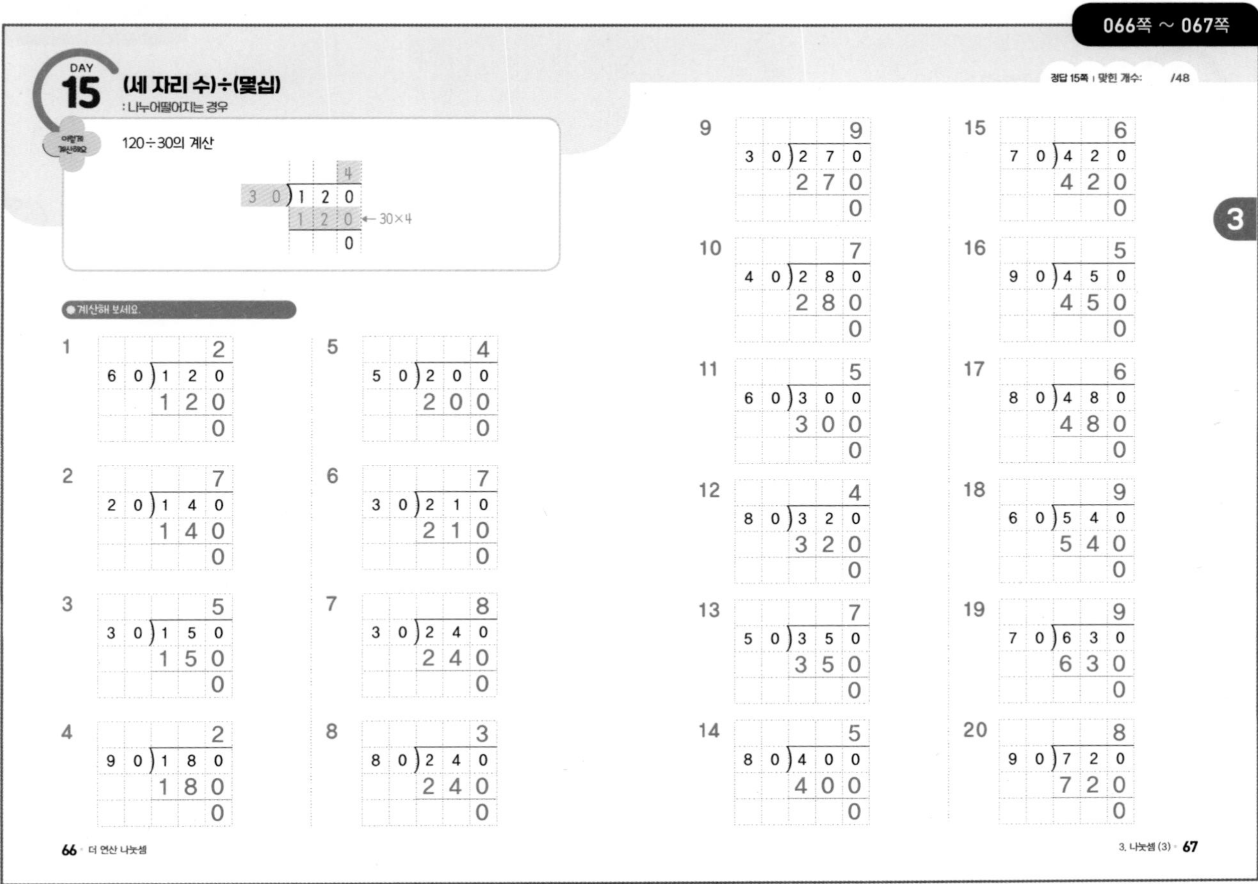

정답 15쪽

21 20)100 → 5
22 50)150 → 3
23 40)160 → 4
24 80)160 → 2
25 20)180 → 9
26 30)180 → 6
27 40)200 → 5
28 70)210 → 3
29 60)240 → 4
30 50)250 → 5
31 90)270 → 3
32 70)280 → 4

33 300÷50=6
34 320÷40=8
35 350÷70=5
36 360÷60=6
37 360÷90=4
38 400÷50=8
39 420÷60=7
40 450÷50=9
41 480÷60=8
42 490÷70=7
43 540÷90=6
44 560÷80=7
45 630÷90=7
46 640÷80=8
47 720÷80=9
48 810÷90=9

68 더 연산 나눗셈

3. 나눗셈 (3) 69

정답

070쪽 ~ 071쪽

DAY 16 **(세 자리 수)÷(몇십)**

: 나머지가 있는 경우

정답 16쪽 | 맞힌 개수: /48

이렇게 계산해요 163÷30의 계산

30×4=120
30×5=150
30×6=180

163에 30이 5번 들어가요.

30)163 → 몫 5, 150 (← 30×5), 나머지 13

● 계산해 보세요.

1. 20)116 → 5, 100, 16
2. 30)123 → 4, 120, 3
3. 60)152 → 2, 120, 32
4. 40)197 → 4, 160, 37
5. 30)204 → 6, 180, 24
6. 30)212 → 7, 210, 2
7. 50)236 → 4, 200, 36
8. 40)287 → 7, 280, 7
9. 70)308 → 4, 280, 28
10. 50)333 → 6, 300, 33
11. 60)364 → 6, 360, 4
12. 50)396 → 7, 350, 46
13. 80)404 → 5, 400, 4
14. 70)430 → 6, 420, 10
15. 90)462 → 5, 450, 12
16. 80)481 → 6, 480, 1
17. 60)535 → 8, 480, 55
18. 70)642 → 9, 630, 12
19. 90)762 → 8, 720, 42
20. 90)807 → 8, 720, 87

072쪽 ~ 073쪽

정답 16쪽

21. 20)107 → 5 … 7
22. 30)111 → 3 … 21
23. 30)149 → 4 … 29
24. 70)165 → 2 … 25
25. 30)184 → 6 … 4
26. 40)191 → 4 … 31
27. 40)208 → 5 … 8
28. 50)226 → 4 … 26
29. 60)247 → 4 … 7
30. 50)265 → 5 … 15
31. 80)273 → 3 … 33
32. 70)291 → 4 … 11
33. 311÷60=5 … 11
34. 321÷40=8 … 1
35. 348÷50=6 … 48
36. 374÷60=6 … 14
37. 386÷70=5 … 36
38. 416÷60=6 … 56
39. 422÷60=7 … 2
40. 447÷70=6 … 27
41. 476÷50=9 … 26
42. 499÷70=7 … 9
43. 525÷80=6 … 45
44. 579÷60=9 … 39
45. 624÷80=7 … 64
46. 669÷90=7 … 39
47. 745÷80=9 … 25
48. 823÷90=9 … 13

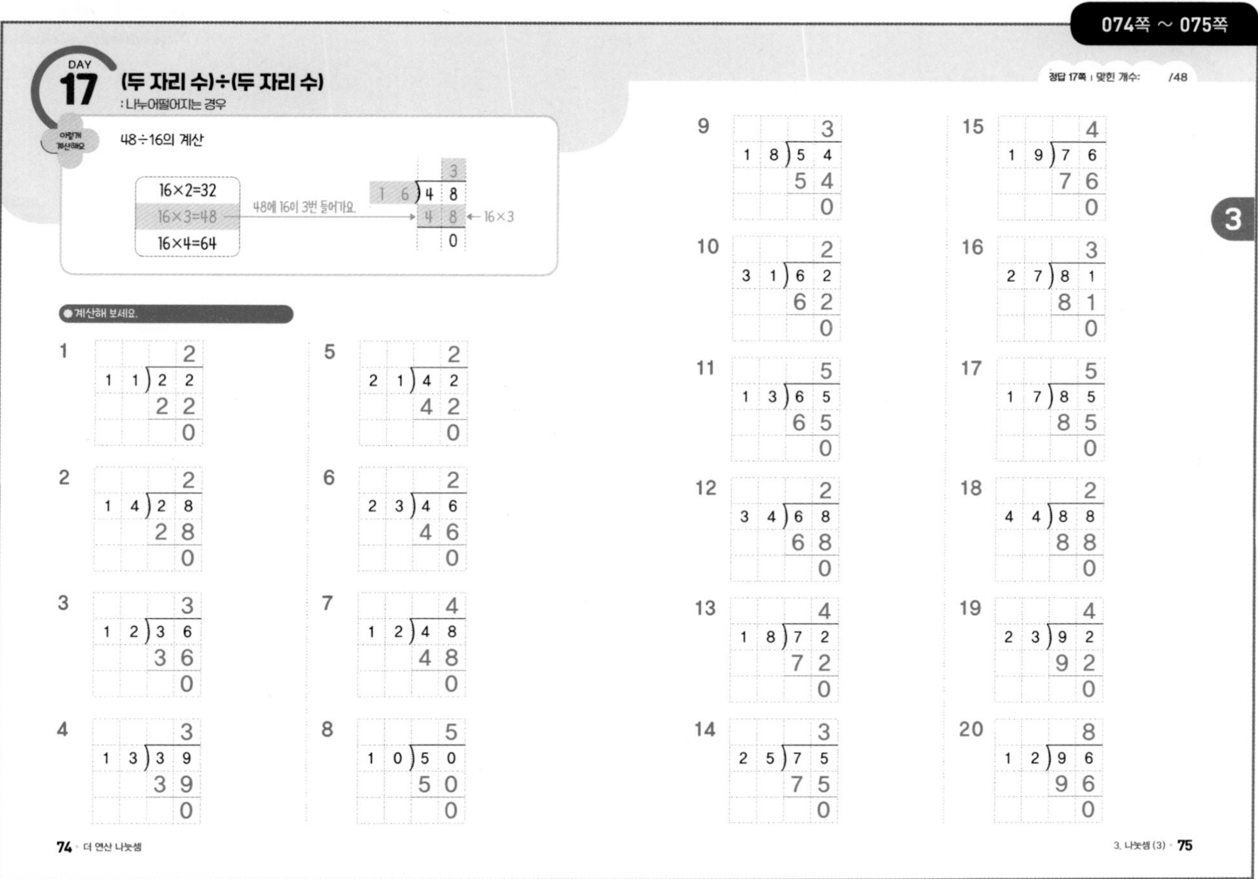

074쪽 ~ 075쪽

정답 17쪽 | 맞힌 개수: /48

DAY 17 **(두 자리 수)÷(두 자리 수)**

: 나누어떨어지는 경우

이렇게 계산해요

48÷16의 계산

16×2=32

16×3=48 — 48에 16이 3번 들어가요.

16×4=64

16)48 = 3, 48 ← 16×3, 0

● 계산해 보세요.

1. 11)22 = 2, 22, 0
2. 14)28 = 2, 28, 0
3. 12)36 = 3, 36, 0
4. 13)39 = 3, 39, 0
5. 21)42 = 2, 42, 0
6. 23)46 = 2, 46, 0
7. 12)48 = 4, 48, 0
8. 10)50 = 5, 50, 0
9. 18)54 = 3, 54, 0
10. 31)62 = 2, 62, 0
11. 13)65 = 5, 65, 0
12. 34)68 = 2, 68, 0
13. 18)72 = 4, 72, 0
14. 25)75 = 3, 75, 0
15. 19)76 = 4, 76, 0
16. 27)81 = 3, 81, 0
17. 17)85 = 5, 85, 0
18. 44)88 = 2, 88, 0
19. 23)92 = 4, 92, 0
20. 12)96 = 8, 96, 0

74 · 더 연산 나눗셈 | 3. 나눗셈 (3) · 75

076쪽 ~ 077쪽

정답 17쪽

21 12)24 = 2

22 15)30 = 2

23 17)34 = 2

24 18)36 = 2

25 20)40 = 2

26 11)44 = 4

27 22)44 = 2

28 15)45 = 3

29 25)50 = 2

30 13)52 = 4

31 14)56 = 4

32 29)58 = 2

33 60÷15=4

34 64÷16=4

35 66÷22=3

36 70÷14=5

37 74÷37=2

38 75÷15=5

39 76÷38=2

40 78÷13=6

41 82÷41=2

42 84÷12=7

43 88÷22=4

44 90÷18=5

45 92÷46=2

46 95÷19=5

47 96÷16=6

48 99÷11=9

3

76 · 더 연산 나눗셈

3. 나눗셈 (3) · 77

정답

DAY 18 (두 자리 수)÷(두 자리 수)
: 나머지가 있는 경우

이렇게 계산해요

53÷13의 계산

13×3=39
13×4=52
13×5=65

53에 13이 4번 들어가요.

```
      4
13)5 3
   5 2  ← 13×4
     1
```

● 계산해 보세요.

1
```
      1
13)1 7
   1 3
     4
```

2
```
      2
12)2 5
   2 4
     1
```

3
```
      2
16)3 4
   3 2
     2
```

4
```
      1
24)3 9
   2 4
   1 5
```

5
```
      2
15)4 1
   3 0
   1 1
```

6
```
      2
21)4 4
   4 2
     2
```

7
```
      3
12)4 6
   3 6
   1 0
```

8
```
      3
13)5 1
   3 9
   1 2
```

9
```
      4
12)5 6
   4 8
     8
```

10
```
      2
25)6 1
   5 0
   1 1
```

11
```
      2
22)6 4
   4 4
   2 0
```

12
```
      3
17)6 7
   5 1
   1 6
```

13
```
      3
19)7 1
   5 7
   1 4
```

14
```
      2
31)7 3
   6 2
   1 1
```

15
```
      3
24)7 8
   7 2
     6
```

16
```
      4
18)8 0
   7 2
     8
```

17
```
      2
33)8 3
   6 6
   1 7
```

18
```
      2
41)8 6
   8 2
     4
```

19
```
      5
16)9 3
   8 0
   1 3
```

20
```
      3
25)9 9
   7 5
   2 4
```


3

21 12)27 → 2 ··· 3

22 21)30 → 1 ··· 9

23 16)35 → 2 ··· 3

24 11)38 → 3 ··· 5

25 21)41 → 1 ··· 20

26 12)43 → 3 ··· 7

27 23)48 → 2 ··· 2

28 17)49 → 2 ··· 15

29 24)51 → 2 ··· 3

30 17)52 → 3 ··· 1

31 32)54 → 1 ··· 22

32 25)59 → 2 ··· 9

33 61÷14=4 ··· 5

34 63÷29=2 ··· 5

35 68÷19=3 ··· 11

36 72÷28=2 ··· 16

37 73÷11=6 ··· 7

38 74÷33=2 ··· 8

39 77÷25=3 ··· 2

40 79÷16=4 ··· 15

41 80÷39=2 ··· 2

42 82÷27=3 ··· 1

43 87÷11=7 ··· 10

44 88÷16=5 ··· 8

45 91÷36=2 ··· 19

46 94÷41=2 ··· 12

47 97÷23=4 ··· 5

48 98÷19=5 ··· 3

3

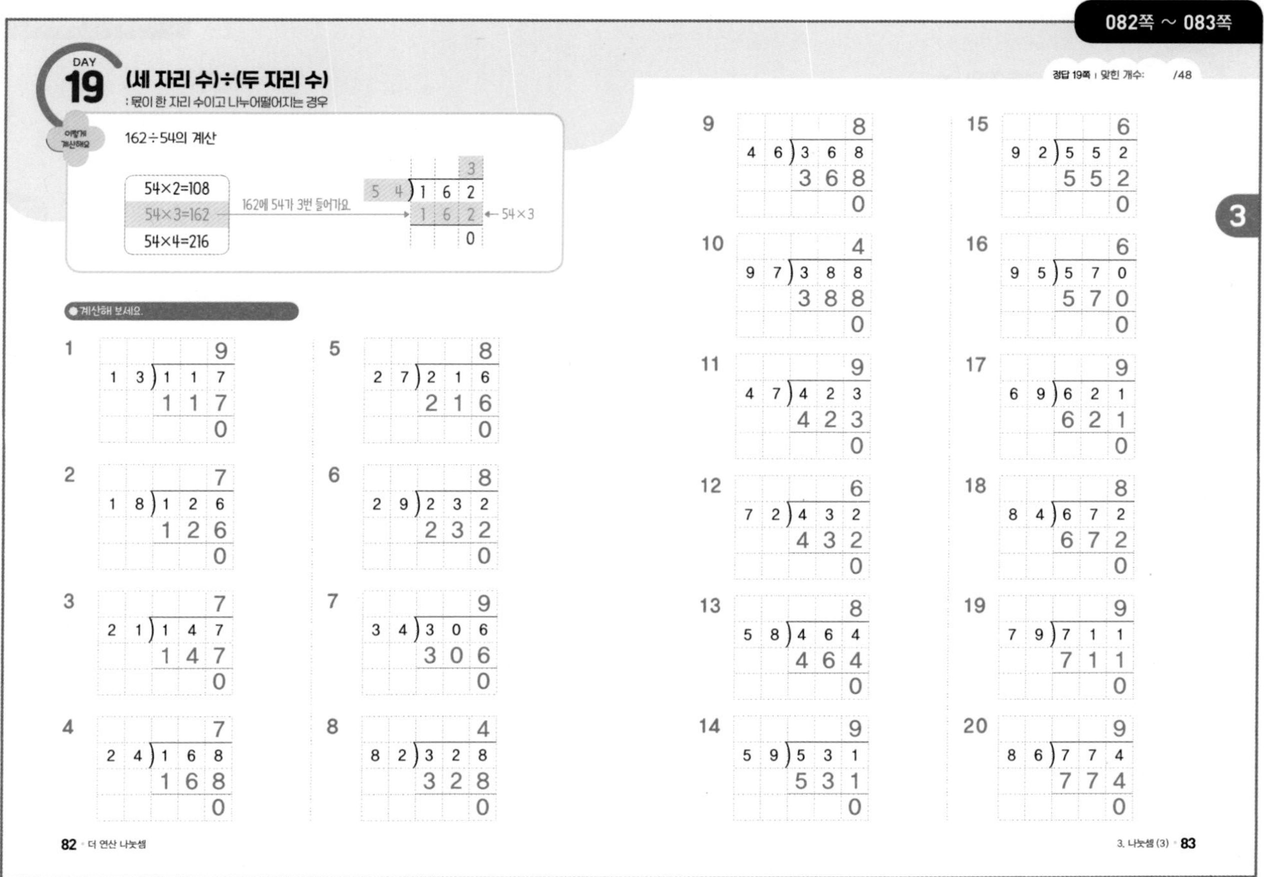
082쪽 ~ 083쪽

DAY 19 **(세 자리 수)÷(두 자리 수)**
: 몫이 한 자리 수이고 나누어떨어지는 경우

정답 19쪽 | 맞힌 개수: /48

이렇게 계산해요

162÷54의 계산

54×2=108
54×3=162 — 162에 54가 3번 들어가요.
54×4=216

54)162 = 3, 162 ← 54×3, 0

● 계산해 보세요.

1 13)117 = 9, 117, 0
2 18)126 = 7, 126, 0
3 21)147 = 7, 147, 0
4 24)168 = 7, 168, 0
5 27)216 = 8, 216, 0
6 29)232 = 8, 232, 0
7 34)306 = 9, 306, 0
8 82)328 = 4, 328, 0
9 46)368 = 8, 368, 0
10 97)388 = 4, 388, 0
11 47)423 = 9, 423, 0
12 72)432 = 6, 432, 0
13 58)464 = 8, 464, 0
14 59)531 = 9, 531, 0
15 92)552 = 6, 552, 0
16 95)570 = 6, 570, 0
17 69)621 = 9, 621, 0
18 84)672 = 8, 672, 0
19 79)711 = 9, 711, 0
20 86)774 = 9, 774, 0

82 · 더 연산 나눗셈   3. 나눗셈 (3) · 83

084쪽 ~ 085쪽

정답 19쪽

21 17)119 = 7
22 16)128 = 8
23 19)171 = 9
24 23)207 = 9
25 38)228 = 6
26 42)252 = 6
27 87)261 = 3
28 74)296 = 4
29 44)308 = 7
30 65)325 = 5
31 89)356 = 4
32 53)371 = 7

33 402÷67=6
34 426÷71=6
35 476÷68=7
36 512÷64=8
37 516÷86=6
38 532÷76=7
39 567÷63=9
40 581÷83=7
41 592÷74=8
42 623÷89=7
43 624÷78=8
44 657÷73=9
45 704÷88=8
46 752÷94=8
47 837÷93=9
48 864÷96=9

84 · 더 연산 나눗셈   3. 나눗셈 (3) · 85

DAY 20 **(세 자리 수)÷(두 자리 수)**

: 몫이 한 자리 수이고 나머지가 있는 경우

어떻게 계산해요

143÷28의 계산

28×4=112
28×5=140
28×6=168

143에 28이 5번 들어가요.

5
28)143
140 ← 28×5
3

● 계산해 보세요.

1
6
17)109
102
7

2
4
28)115
112
3

3
9
15)136
135
1

4
3
72)225
216
9

5
8
31)267
248
19

6
5
52)285
260
25

7
9
33)312
297
15

8
8
42)338
336
2

9
7
56)397
392
5

10
6
65)414
390
24

11
8
54)436
432
4

12
5
88)452
440
12

13
7
72)526
504
22

14
9
59)535
531
4

15
9
61)555
549
6

16
8
75)611
600
11

17
9
68)645
612
33

18
8
83)699
664
35

19
9
79)714
711
3

20
8
95)804
760
44

21 15)112 → 7 ··· 7

22 22)136 → 6 ··· 4

23 80)168 → 2 ··· 8

24 34)174 → 5 ··· 4

25 47)192 → 4 ··· 4

26 51)232 → 4 ··· 28

27 31)253 → 8 ··· 5

28 42)277 → 6 ··· 25

29 38)281 → 7 ··· 15

30 72)301 → 4 ··· 13

31 55)333 → 6 ··· 3

32 48)381 → 7 ··· 45

33 398÷62=6 ··· 26

34 425÷68=6 ··· 17

35 449÷56=8 ··· 1

36 476÷87=5 ··· 41

37 489÷76=6 ··· 33

38 499÷53=9 ··· 22

39 507÷84=6 ··· 3

40 515÷71=7 ··· 18

41 534÷76=7 ··· 2

42 625÷83=7 ··· 44

43 644÷71=9 ··· 5

44 669÷89=7 ··· 46

45 716÷87=8 ··· 20

46 733÷91=8 ··· 5

47 828÷97=8 ··· 52

48 854÷86=9 ··· 80

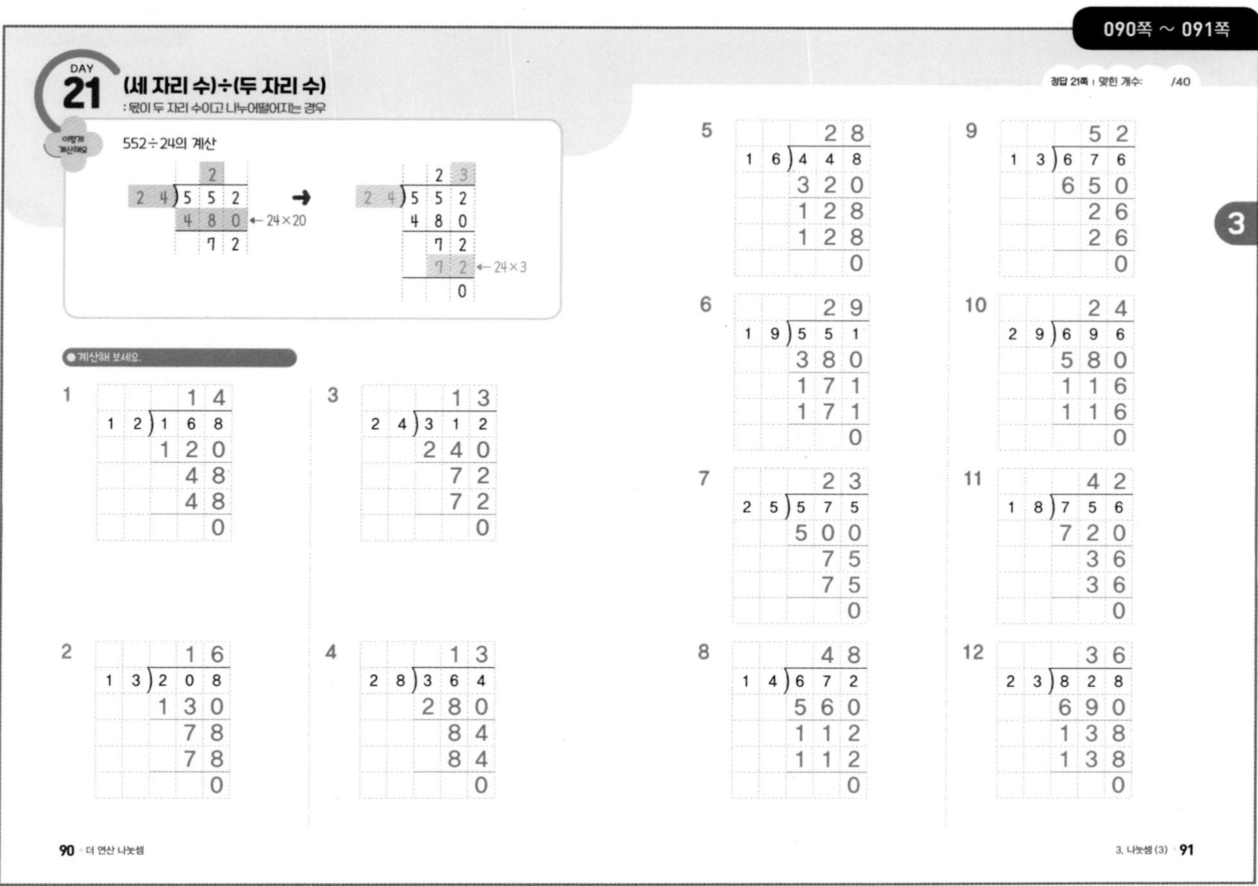

090쪽 ~ 091쪽
DAY 21
(세 자리 수)÷(두 자리 수)
: 몫이 두 자리 수이고 나누어떨어지는 경우
552÷24의 계산
← 24×20
← 24×3
계산해 보세요.
정답 21쪽 | 맞힌 개수: /40
90 · 더 연산 나눗셈
3. 나눗셈 (3) · 91

13 13)156 → 12

14 16)176 → 11

15 12)180 → 15

16 17)238 → 14

17 15)285 → 19

18 13)377 → 29

19 15)405 → 27

20 18)468 → 26

21 19)475 → 25

22 16)496 → 31

23 36)504 → 14

24 13)533 → 41

25 561÷17=33

26 592÷37=16

27 684÷18=38

28 688÷16=43

29 774÷43=18

30 775÷31=25

31 782÷23=34

32 812÷28=29

33 814÷37=22

34 836÷19=44

35 858÷26=33

36 896÷32=28

37 936÷24=39

38 946÷43=22

39 988÷52=19

40 992÷32=31

정답

094쪽 ~ 095쪽

DAY 22 (세 자리 수)÷(두 자리 수)
: 몫이 두 자리 수이고 나머지가 있는 경우

정답 22쪽 | 맞힌 개수: /40

이렇게 계산해요

437÷18의 계산

```
      2              2 4
18)4 3 7   →   18)4 3 7
   3 6 0 ← 18×20    3 6 0
     7 7              7 7
                      7 2 ← 18×4
                        5
```

● 계산해 보세요.

1
```
      1 1
13)1 4 6
   1 3 0
     1 6
     1 3
       3
```

2
```
      1 5
15)2 3 4
   1 5 0
     8 4
     7 5
       9
```

3
```
      1 4
22)3 2 8
   2 2 0
   1 0 8
     8 8
     2 0
```

4
```
      2 8
16)4 5 5
   3 2 0
   1 3 5
   1 2 8
       7
```

5
```
      3 4
14)4 8 6
   4 2 0
     6 6
     5 6
     1 0
```

6
```
      1 6
31)5 1 2
   3 1 0
   2 0 2
   1 8 6
     1 6
```

7
```
      3 2
18)5 8 7
   5 4 0
     4 7
     3 6
     1 1
```

8
```
      5 7
11)6 2 9
   5 5 0
     7 9
     7 7
       2
```

9
```
      2 6
26)6 9 3
   5 2 0
   1 7 3
   1 5 6
     1 7
```

10
```
      1 7
44)7 7 4
   4 4 0
   3 3 4
   3 0 8
     2 6
```

11
```
      2 3
36)8 3 5
   7 2 0
   1 1 5
   1 0 8
       7
```

12
```
      3 5
27)9 4 6
   8 1 0
   1 3 6
   1 3 5
       1
```

94 · 더 연산 나눗셈 3. 나눗셈 (3) · 95

096쪽 ~ 097쪽

정답 22쪽

13 12)1 3 3 = 1 1 … 1

14 17)1 9 6 = 1 1 … 9

15 16)2 2 9 = 1 4 … 5

16 14)2 5 4 = 1 8 … 2

17 21)2 9 7 = 1 4 … 3

18 13)3 0 7 = 2 3 … 8

19 27)3 6 9 = 1 3 … 18

20 15)3 8 8 = 2 5 … 13

21 36)4 1 3 = 1 1 … 17

22 18)4 4 2 = 2 4 … 10

23 26)4 9 6 = 1 9 … 2

24 17)5 2 6 = 3 0 … 16

25 557÷26=21 … 11

26 563÷32=17 … 19

27 634÷13=48 … 10

28 679÷38=17 … 33

29 695÷24=28 … 23

30 715÷27=26 … 13

31 748÷19=39 … 7

32 791÷23=34 … 9

33 808÷53=15 … 13

34 829÷17=48 … 13

35 867÷36=24 … 3

36 893÷25=35 … 18

37 916÷16=57 … 4

38 934÷65=14 … 24

39 952÷43=22 … 6

40 987÷33=29 … 30

96 · 더 연산 나눗셈 3. 나눗셈 (3) · 97

098쪽 ~ 099쪽

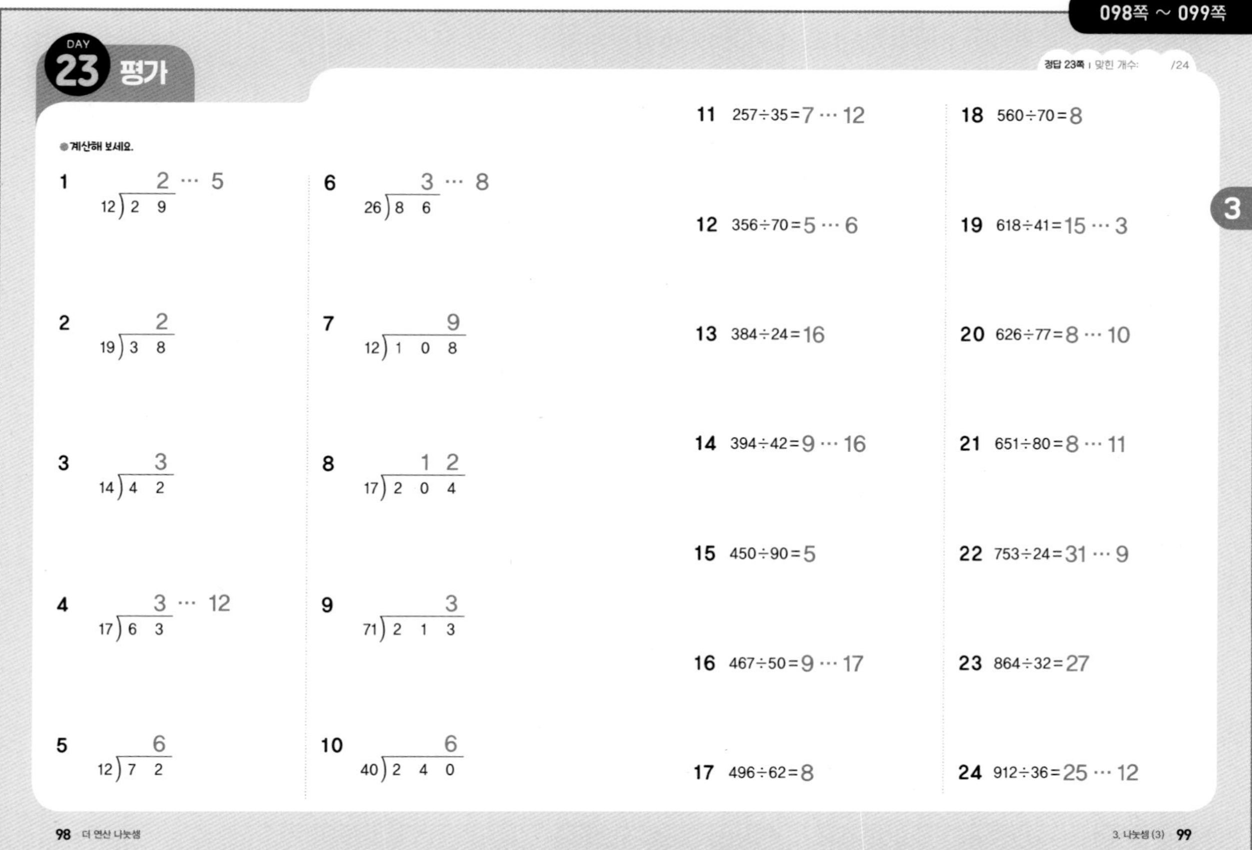

DAY 23 평가

정답 23쪽 | 맞힌 개수: /24

● 계산해 보세요.

1. $12\overline{)29}$ → 2 ⋯ 5
2. $19\overline{)38}$ → 2
3. $14\overline{)42}$ → 3
4. $17\overline{)63}$ → 3 ⋯ 12
5. $12\overline{)72}$ → 6
6. $26\overline{)86}$ → 3 ⋯ 8
7. $12\overline{)108}$ → 9
8. $17\overline{)204}$ → 12
9. $71\overline{)213}$ → 3
10. $40\overline{)240}$ → 6
11. 257÷35=7 ⋯ 12
12. 356÷70=5 ⋯ 6
13. 384÷24=16
14. 394÷42=9 ⋯ 16
15. 450÷90=5
16. 467÷50=9 ⋯ 17
17. 496÷62=8
18. 560÷70=8
19. 618÷41=15 ⋯ 3
20. 626÷77=8 ⋯ 10
21. 651÷80=8 ⋯ 11
22. 753÷24=31 ⋯ 9
23. 864÷32=27
24. 912÷36=25 ⋯ 12

3

98 더 연산 나눗셈 | 3. 나눗셈 (3) 99

100쪽

정답 23쪽
다른 그림 찾기
다른 그림 8곳을 찾아보세요.
주말농장
100 더 연산 나눗셈

MEMO

아이스크림
더연산

아이스크림에듀 영어 교재 시리즈

영어 실력의 핵심은 단어에서 시작합니다.
학습 격차는 NO! 케찹보카만으로 쉽고, 재미있게!
초등 영어 상위 어휘력, 지금부터 케찹보카로 CATCH UP!

LEVEL 1-1

LEVEL 1-2

LEVEL 2-1

LEVEL 2-2

LEVEL 3-1

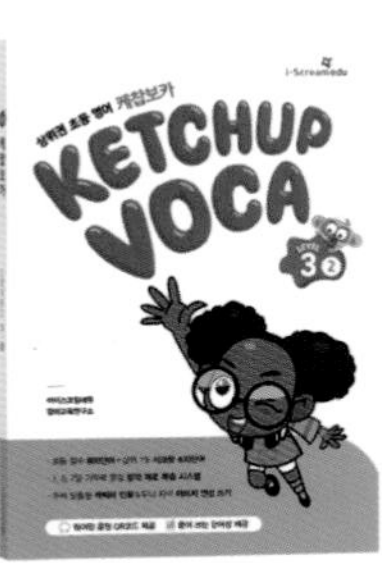

LEVEL 3-2